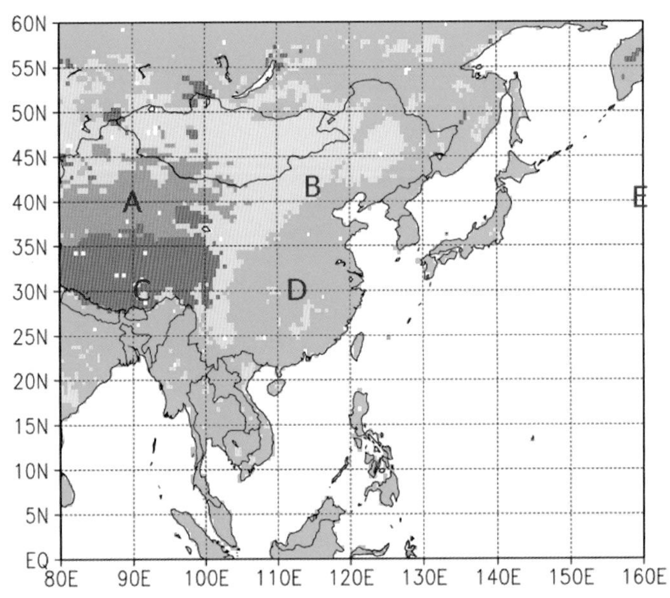

口絵 1　東アジアにおける自然植生の分布（緑色：森林，黄色：草原，灰色：砂漠，薄赤紫色：ツンドラ）と特徴的な地点 A～E（本文の図 5.2）

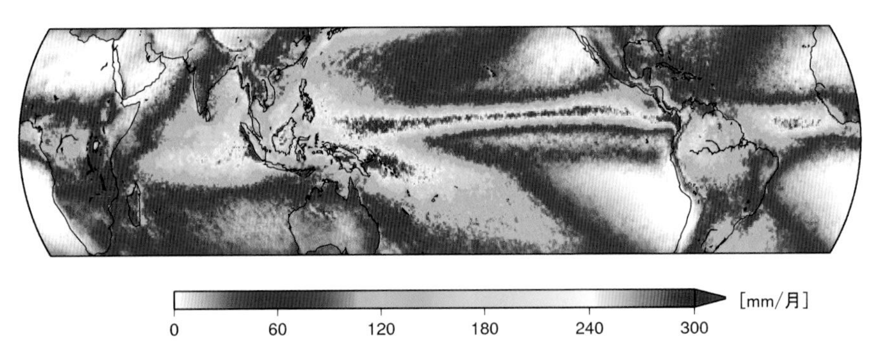

口絵 2　TRMM/PR が観測した 1997 年 12 月～2015 年 3 月の約 17 年間における地表面降雨分布の月平均値（画像作成・提供：国立研究開発法人情報通信研究機構 金丸佳矢氏，原初データ提供：JAXA，本文の図 10.7）

口絵 3　GPM/DPR が観測した平成 30 年台風 8 号の 3 次元構造（画像作成：一般財団法人リモート・センシング技術センター 東上床智彦氏，原初画像提供：JAXA，本文の図 10.8）

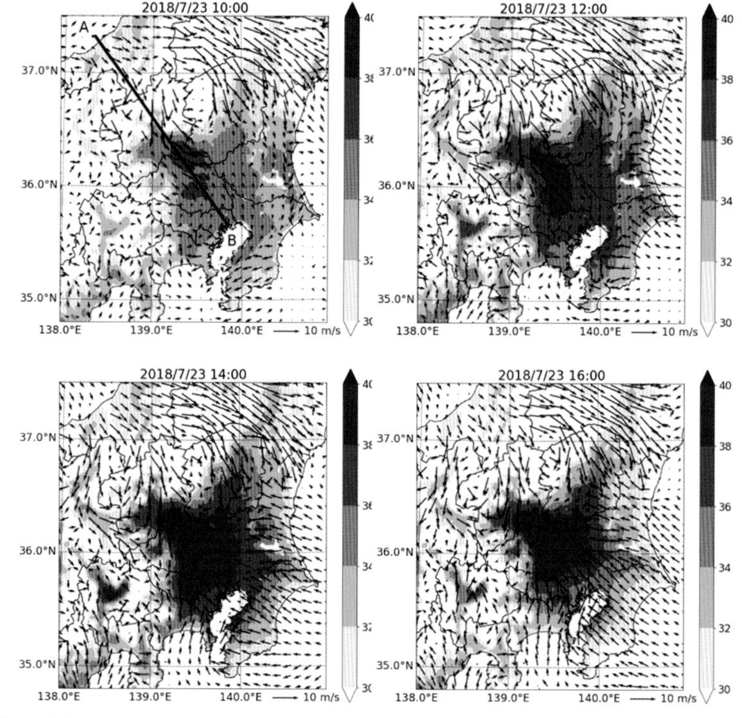

口絵 4　気象シミュレーションから得られた 2018 年 7 月 23 日 10 時，12 時，14 時，16 時の地上気温（℃）と風の分布（本文の図 11.4）

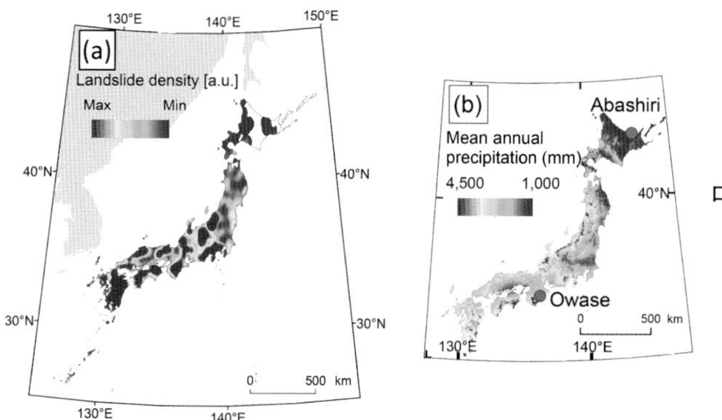

口絵 5　(a) 2001 年～2011 年の豪雨に伴う斜面崩壊の発生密度と，(b) レーダー・アメダス解析雨量から計算した同期間の年平均降水量（本文の図 13.1）

口絵 6　備中高松城水攻めの対象地域図（本文の図 14.1）

大気と水の循環

水文気象を学ぶための14講

松山　洋・増田耕一［編］

朝倉書店

編集者

松山（まつやま）　洋（ひろし）　東京都立大学大学院都市環境科学研究科教授

増田（ますだ）　耕一（こういち）　東京都立大学大学院都市環境科学研究科客員教授

執筆者（執筆順）

増田（ますだ）　耕一（こういち）　東京都立大学大学院都市環境科学研究科客員教授（1～6, 8 章）

松山（まつやま）　洋（ひろし）　東京都立大学大学院都市環境科学研究科教授（7 章）

長谷川（はせがわ）宏一（こういち）　駒澤大学高等学校専任教諭（理科）（9 章）

瓜田（うりた）　真司（しんじ）　リモート・センシング技術センター経営企画部主査（10 章）

渡邊（わたなべ）　貴典（たかのり）　東京都立大学大学院都市環境科学研究科特任研究員（11 章）

宮岡（みやおか）　健吾（けんご）　気象庁情報基盤部予報官（12 章）

齋藤（さいとう）　仁（ひとし）　関東学院大学経済学部准教授（13 章）

根元（ねもと）　裕樹（ゆうき）　東京都立大学学術情報基盤センター特任准教授（14 章）

はじめに

地球温暖化の影響で，水循環が活発化しています．これは，気温が上がることによって大気中の飽和水蒸気量が増え（飽和水蒸気量は気温だけで決まり，しかも指数関数的に増加します），湿度が増加することによって地球全体の降水量が増加することで説明できます．しかしながら，水循環の変化は地域的にみて一様ではありません．気候変動に関する政府間パネル（IPCC）第5次評価報告書によると，「湿潤なところはますます湿潤になり，乾燥しているところはますます乾燥するだろう」といわれていますが，この地域的な特徴は必ずしも実証的に示されているわけではありません．日本では，短時間に降る強い雨が増加傾向にありますし，毎年のように梅雨末期の大雨に伴う土砂災害が発生しているので，この先，「水循環がどのように変化していくのか？」は，多くの方が関心のある事柄でしょう．

このような時代であるからこそ，私たちは「大気と水の循環」について系統的に学ぶ必要があると考えます．そして，このことが本書『大気と水の循環』上梓のきっかけでもあります．やさしい語り口で書かれた本書は，全部で14章からなります．これは，大学の半期の授業で使うことを意識したものです．前半（第1章～第8章）は，「大気と水の循環を学ぶ」ために必要な知識を並べた，オーソドックスな内容になっています．一方，後半（第9章～第14章）は，新進気鋭の若手研究者たちによる「大気と水の循環に関する研究の最前線」の紹介になっています．後半を執筆しているのは，東京都立大学／首都大学東京 地理情報学研究室のOBの皆さんで，目次をみてもわかるように，バラエティーに富んだ内容になっています．また，巻末には「文献案内」として，各章の内容についてさらに深く学ぶための日本語の書籍などをあげてあります．そのため，読者の皆さんが自習することが可能です．

水循環の時空間変動が激しくなっている現代において，本書が「大気と水の循環」を学ぶための一助となれば，それは筆者たちにとってこのうえもない幸せであります．

2021年2月

東京都立大学 地理情報学研究室　松山　洋

目　　次

1 地球の大気と水圏を概観する

大気と水の循環を学ぶための基礎として，地球の大きさと形，水の３相，地球全体の大気と水の量，およびその分布を概観します．大気と水の循環を理解するうえで時空間スケールに注目することはとても重要です．本章の最後では，気候と気候システムについても述べます．

1.1 地球の大きさと形

地球の**大気**と**水圏**の大きさをとらえるために，まず地球の大きさと形の概略をおさえておきましょう．

地球の形は，第一近似としては球です．近似を高めるならば中心から赤道までと極までの距離の違いを考慮して回転楕円体[1]とすべきですが，ここでは球で近似できる範囲で考えることにしましょう．

地球の大円(中心を通る断面)の円周は 40000 km です．このきりのよい数値は，メートル（m）という単位が，子午線上で赤道から極までの長さの１千万分の１として構想されたおかげです．ただしメートルの定義は違うものになりました(メートルなどの単位の定義を知りたい場合には『理科年表』の最新の巻（本書の校正の時点では国立天文台 2020）の「物理・化学」の部の「単位」の章をみてください)．半径は大円の円周を円周率の２倍で割れば得られます．

地球　Earth
大気　atmosphere
水圏　hydrosphere

[1] 地球は地軸のまわりを自転しているため，球からいくらか変形して赤道方向に膨らんでいます．地球の形の第二近似は回転楕円体です．その赤道は円，両極を通る断面は楕円です．極半径（地球の中心から一方の極までの距離）は，赤道半径（地球の中心から赤道上の点までの距離）よりも約 21 km 短いのです．

1.2 物質の３相：固体・液体・気体

物質の状態には，**固体・液体・気体**の３つの「**相**」があります．

液体と気体を「**流体**」とまとめることがあります．固体は変形したとき元の形に戻ろうとしますが，流体は変形したまま元の形には戻りません．

固体・液体と気体とのおもな違いは，**圧力**が変わったとき，固体・液体の**体積**はほとんど変わりませんが，気体の体積は大きく変わることです[2]．**質量**を体積で割った量を**密度**といいます．気体の密度は圧力によって大きく変わるのです．そして，現在の地球大気の圧力・温度と密度との関係は，**理想気体**の**状態方程式**で近似してよいのです（金星の大気や，地球の海がもし水蒸気であった場合は，密度が大きいので，理想気体ではすまなくなります）．理想気体では，一定の質量の気体の体積は，圧力に反比例し，**絶対温度**[3]に比例します．言い換えると，密度は圧力に比例し，絶対温度に反比例します．

海水の密度は厳密には一定ではなく，対流の議論では温度や塩分による密度の不均一が問題になりますが，水収支の議論では密度一定で近似します．キログラムという単位の構想から（これも現在の定義ではありませんが），水の密度はよい近似で 1000 kg/m^3 になります．1 kg/m^3 ではないことに注意してください．

相　phase
固体　solid
液体　liquid
気体　gas
流体　fluid
圧力　pressure
体積　volume

[2] そうなる仕組みを大ざっぱに言うと，固体・液体の体積はおもに分子が占める体積であり，気体の体積は分子が飛びまわる空間の体積であることによります．

質量　mass
密度　density
理想気体　ideal gas
状態方程式　equation of state
絶対温度　absolute temperature

[3] 熱力学的にありうる温度の下限（−273.15℃）を原点とした温度を絶対温度ということがあり，K（ケルビン）はその単位です．[K による温度の値] = [℃（セルシウス度）による温度の値] + 273.15 です．

1.3　地球のうちの大気・水圏

地球は，おおまかには同心球の形の「圏」からなる構造をしています．「大気」は，そのうち，気体でできている圏です．「水圏」は，液体である圏，H_2Oを主成分とする圏，という2つのとらえ方があり得ます．しかし，液体であっても，鉄を主成分とする外核や，ケイ酸塩を主成分とするマグマは，水圏に含めないのが普通です．他方，固体でありH_2Oを主成分とする氷からなる部分は，「**雪氷圏**」として別だてにすることもありますが，水圏に含めることもあります．ここでは，水圏を，雪氷も含めてH_2Oを主成分とする圏ととらえることにしましょう．

雪氷圏　cryosphere

1.4　地球上の水はどこにどれだけあるのか

地球上の水（3相を含めたH_2O）が，どこにどれだけあるのかを図1.1に示します（図中，矢印で示された水の移動量は1.7節で扱います）．

水の質量約1.4×10^{21} kgの95%以上が**海洋**にあります．それに次ぐ量をもつ部分は，陸上の**氷河**と**地下水**であり，それぞれ2×10^{19} kgです．（氷河のうち大きいものを**大陸氷床**といい，南極大陸とグリーンランドにあります．氷河と地下水の量の見積もりの精度はあまり高くありません．図1.1の「氷河と積雪」は有効数字が5桁あるわけではなく，桁の違う量を形式的に合計したものです）．

海洋　ocean
氷河　glacier
地下水　groundwater
大陸氷床　continental ice sheet

海洋は地球の表面積の約70%を占め，深さは最大で11 km，平均で約4 kmです．地球の半径と比べてみると，水圏は浅い層です．

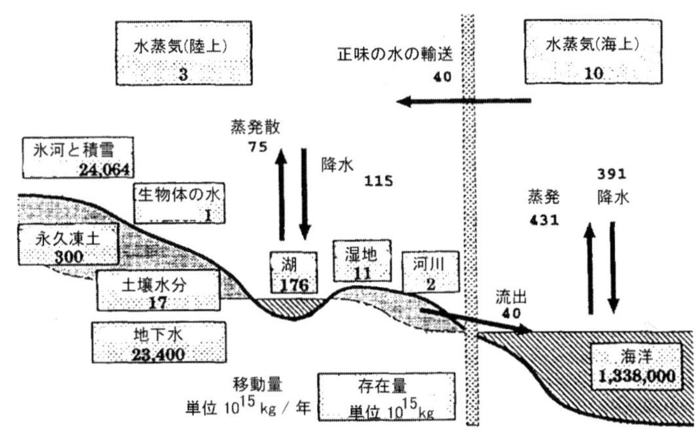

図1.1　地球上の水の存在量と移動量（Oki 1999による）

1.5　地球の大気はどこにどれだけあるか

大気の質量は次のような考え方で**気圧**から見積もることができます．大気は運動していますが，水平約100 km以上の規模で平均してみるならば，鉛直方向の運動方程式は，加速度を省略して，重力と気圧の鉛直傾度（気圧の差を高さの差で割ったもの）とのつりあいで近似できます（これを「**静水圧のつりあい**」といいます）．そこから，「地表の単位面積当たりの上にある大気の質量は，地上気圧を重力加速度で割ったものに等しい」という関係が導かれます．有効数字1桁の概算で，地上気圧を1000 hPa（ヘクトパスカル）[4]，つまり100000パスカル，

気　圧　atmospheric pressure
静水圧のつりあい　hydrostatic equilibrium

[4] 圧力のSI単位はPa（パスカル）$=N/m^2=kg/(m\ s^2)$です．100 PaをhPa（ヘクトパスカル）といい，気象学ではこの単位を使う習慣があります．

重力加速度を $10 m/s^2$ とすれば，単位面積当たりの質量は $10000 kg/m^2$ であり，液体の水に置き換えると 10 m の水柱にあたります．大気の総質量はそれに地球の表面積をかければ求められます．

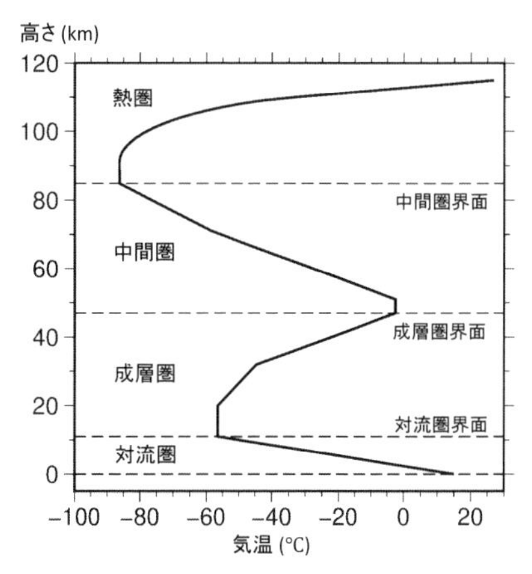

図 1.2　大気の温度の鉛直分布と「圏」の名前（NOAA et al. 1976 による）

大気の厚さ，つまり大気が占める高さ方向の寸法は，ひとことでは述べられません．海面の高さから上空に行くと，大気は次第に密度が小さく（希薄に）なっていきますが，明確な限界はありません．

大気の温度は，緯度や季節によっても変わりますが，大局的には高さによっています．図 1.2 に，「**U.S. 標準大気**」と呼ばれる代表的な気温の鉛直分布を示します．高さとともに温度が上がるか下がるかに注目して，下から順に「**対流圏**」「**成層圏**」「**中間圏**」「**熱圏**」と名前がついています．ただし熱圏は図の範囲よりも上に広がり，その温度は昼夜や太陽活動によって大きく変化します．熱圏の大気は，電離している（分子から電子が離れてイオンになっている）ことが多く，成分の量の相互の比率も一定ではありません．他方，中間圏から下の大気は，大部分がイオンではなく中性の分子からなり，窒素・酸素・アルゴンなどの主要成分の量の相互の比率もほぼ一定です（水蒸気，オゾンなど，濃度が一定でない成分もありますが，相対的に少量です）．

U.S. 標準大気　U.S. Standard Atmosphere
対流圏　troposphere
成層圏　stratosphere
中間圏　mesosphere
熱圏　thermosphere

そして，大気の密度と気圧は桁違いに変わり得ますが，絶対温度は 170〜340 K と約 2 倍の幅をもつものの，桁は変わりません．そこで，ひとまず温度を一定値で近似し，理想気体の状態方程式と静水圧のつりあいに基づいて大気の密度と気圧の鉛直分布を計算してみます．いずれも，高さの指数関数型になり，高さが約 5.5 km 上がるごとに密度も気圧も半分になります(図 1.3)．**中間圏界面**(中間圏の上限）の高さは 5.5 km の約 15 倍なので，それより上にある大気の質量は概算で全体の $1/2^{15}$，つまり約百万分の 30 になります．大気の質量の 99.995% 以上が高さ約 80 km よりも下にあるのです．

中間圏界面　mesopause

大部分の質量に注目すると，大気も，地球の半径に比べて浅い層です．大気や海洋は浅い層なので，その中で起こる運動を考えるうえでは，地球の表面積と重力加速度は高さによらず，一定とみなすことができます．また，その運動を起こす主要な力の組み合わせが，重力の向きである鉛直方向と，その他の水平 2 方向とでは違ってきます．

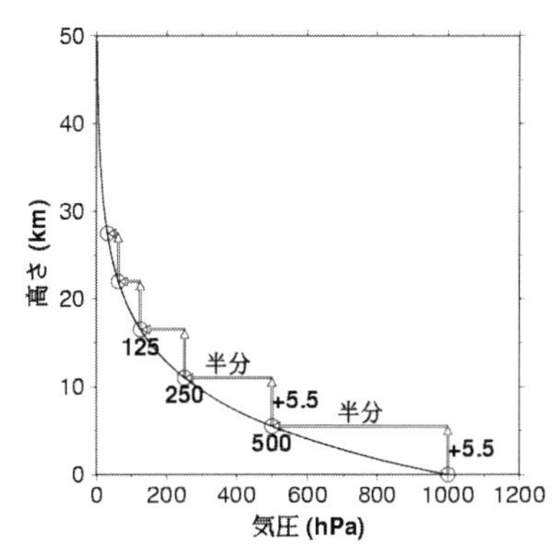

図 1.3　静水圧，理想気体，温度一定で近似した気圧の鉛直分布

図 1.2 に戻りますが，大気のうち対流圏では，普通，高さが高くなるほど温度が低くなっています．温度の低くなりかたは空間的・時間的に一様ではありませんが，図 1.2 に示された「U.S. 標準大気」に採用された代表値は，高さが 1 km 上がるごとに温度が 6.5 ℃（温度差なので 6.5 K といっても同じ）下がるものです．

1.6　大気中の運動の空間・時間規模

大気の中ではさまざまな空間規模の運動が起きています．その運動が持続する

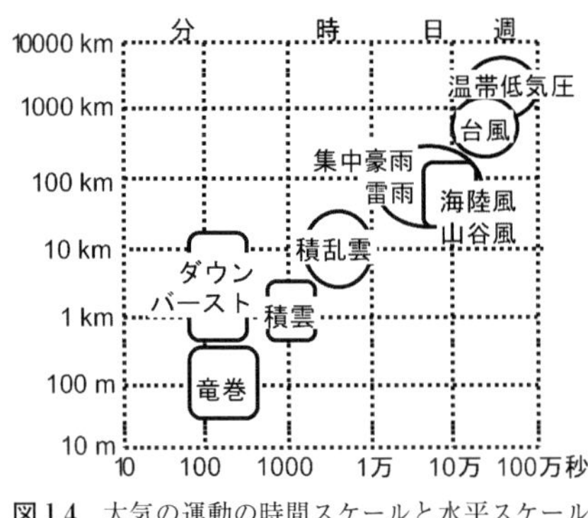

図1.4　大気の運動の時間スケールと水平スケール（小倉 2016から簡略化）

時間もさまざまです．

ただし，**空間スケール**には大気の大きさによる制約があります．**水平スケール**は地球の大円の周40000 kmで頭打ちになります．**鉛直スケール**は，大気の質量の大部分が存在する深さが80 km程度であることに加えて，密度が桁違いに異なるところにわたる運動が起こりにくいので，10～20 km 程度で頭打ちになります．

水平スケールと鉛直スケールの関係は，大ざっぱに言って，水平スケール10 kmより小さい現象では1：1に近く，水平スケール10 kmより大きい現象では，水平のほうが大きくなり扁平な形になります．

空間スケール　spatial scale
水平スケール　horizontal scale
鉛直スケール　vertical scale
時間スケール　temporal scale
風速　wind speed
低気圧　cyclone

時間スケールと空間スケールは，空間スケールの頭打ちを別とすると，おおまかに言えば，比例に近い関係にあります．図1.4では，両対数軸上でさまざまな現象が，横軸の増分と縦軸の増分が等しい斜め45°の直線の付近に分布しています（ただし直線から2桁くらいずれた量のこともあることに注意してください）．

ほぼ同じことですが，空間スケールの大きい現象でも小さい現象でも，速度（単位時間当たりの移動距離）は，桁違いには異なりません．**風速**（空気の移動速度の大きさ）も，大気中の**低気圧**などの現象の移動速度の大きさも，1～10 m/sのオーダーです．ただし，例外的に100 m/sのオーダーになる場合があります．

1.7　水 の 循 環

水蒸気　water vapor
相変化　phase change
雲　cloud
雨　rain
雪　snow
降水　precipitation

図1.1の水の移動量に注目しましょう．大気中の**水蒸気**の一部分が，**相変化**して，液体の水滴や固体の氷の結晶からなる**雲**ができます．雲の粒子が併合して大きくなり，雨や雪として落下します．**雨**や**雪**を合わせて**降水**といいます．「降水量」は，雨や雪が，ある指定された期間に，地表面に降って，しみこまずに液体の水としてたまったと仮定したときの水の深さとされ，単位mmで示されることが多いです．しかし，水の循環を考えるうえでは，地表面の単位面積当たりの水の質量の流れと考えたほうがよいのです．水の密度がよい近似で1000 kg/m^{3}なので，降水量1 mmはちょうど1 kg/m^{2}に当たります．降水量の値は，緯度，海との位置関係，季節によって大きく異なりますが，世界全体の平均は概算で1000 mm/年，つまり1000 kg/(m^2・年）になります．

蒸発　evaporation

降水によって失われる大気中の水蒸気は，海と陸からの**蒸発**によって補われます．地球全体の降水量と蒸発量は，よい近似でつりあっています．つまり，世界平均の蒸発量も約1000 mm/年になります．

陸から海へ，おもに河川による水の質量の移動があります．陸上では降水量のほうが蒸発量よりも多く，海上では蒸発量のほうが降水量よりも多くなります．大気の運動（風）による水蒸気の流れは，陸から海の向きのこともその反対のこともありますが，正味では海から陸に向かっています．このようにして，近似的に定常的な**水の循環**が成り立っています（図1.1）．

水の循環　hydrological cycle

1.8 気 候

気候という言葉は，人ごとあるいは文脈ごとに，少しずつ違ったものをさしています．筆者の考えでは，「気候」の意味は次の3つに整理できます．学問が発達するにつれて新しい意味が追加されましたが，古い意味も重なって生き残っているのです．

気候 climate

① 人間社会を取り巻く**自然環境**（「風土」ともいう）のうち，大気に関するもの．
② **気象要素**（大気に関する物理量）の数十年（典型的には30年）の統計で表すことができる現象．統計は平均値を含みますがそれには限りません．
③ 大気・海洋・雪氷・**陸面**からなる「**気候システム**」（1.10節）の状態．

自然環境 natural environment
気象要素 meteorological element
陸面 land surface
気候システム climate system

この③が出てきた理由は，②の意味での気候の変化を因果関係的に考えようとすると，短期間に変化が生じる大気だけでは話がすまず，長期的に変化する海洋や雪氷を一緒に考える必要があるためです．

気温・気圧・風向・風速・湿度・降水量などといった気象要素で表される現象の時間スケール別の表現として，**天気**，**天候**，気候があります．この使い分けも人にもより文脈にもよりますが，筆者はだいたい，時間スケールが10日よりも長いものごとが天候，10年よりも長いものごとが気候という用語感覚をもっています．なお，英語には「天候」に当たる言葉がないので，数カ月ぐらいから climate といいます．日本語でも，英語の climate の訳語として「気候」が使われることもあります．

天気 weather

1.9 グローバルな気候とローカルな気候

ある場所で暮らしている人たちを取り巻くのは，その地域の**ローカルな気候**です．気候の変化に適応するためにほしい情報は，ローカルな気候がどうなるかであることが多いです．ただし，自分の地域の気候ばかりでなく，人や物のやりとりのある他の地域の気候の変化も考える必要があることもあります．

ローカルな気候 local climate

気象や海洋の観測も，多くはローカルな観測であり，**グローバルな気候**（全地球規模の気候）の状態は，たくさんの観測を合わせることでみえてきます．観測にもとづいて事実を知ろうとする文脈では，ローカルのほうがわかりやすく，グローバルな気候はむずかしいです．

グローバルな気候 global climate

しかしながら，気候を理論によって理解したり，予測したりしようとするときは，グローバルな気候に関する知識のほうが相対的に確実で，ローカルな気候に関する知識は不確実な場合が多いのです．人間活動がグローバルな気候を変化させていることが確実になってきた現代の市民（民主主義国の主権者）の教養として，直観的にとらえがたいグローバルな気候を理解することが求められています．

1.10 気候システム

気候システムとは，大気，海洋，雪氷などの部分が，相互に，物質（とくに3相を含む水），エネルギー，力をやりとりしているシステムのことです．1975年に，アメリカ合衆国のGARP組織委員会報告書（U. S. Committee for GARP 1975）に出た図（図1.5）が有名になりました．同じ年に世界のGARP組織委員会報告書（ICSU-WMO JOC 1975）に出た図には，アメリカの報告書の図になかった「陸面」が加わっています．

陸水　terrestrial water
土壌　soil
植生　vegetation

気候システムの部分としての「陸面」は，**陸水**，**土壌**，**植生**（陸上生態系）などを含みます．地下どのくらいまでの深さを考えるべきかは，考える現象と時間スケールによります．温度変化を考える場合で，時間スケールが1年ならば1m，100年ならば10m，1万年ならば100mぐらいを考えればよいでしょう．深さが時間の平方根に比例するのは，**熱伝導**の性質からきています．

熱伝導　heat conduction
質量保存　conservation of mass
エネルギー保存　conservation of energy
たまり　stock
流れ　flow

気候システムとは，**質量保存**，**エネルギー保存**という物理法則に基づいた，質量とエネルギーの「**たまり**」と「**流れ**」からなるシステムです．保存則があるので，たまりと流れのうち測定されない量を収支解析によって推定することや，予測型の数理モデルを組むことができます．

質量保存，エネルギー保存を，質量やエネルギーの出入りのある系で考えます．系を箱とみなせば，箱の中の質量は時間とともに変化し得ますが，その変化量は，箱の壁を通って出入りする質量の正味の流入（流入を正，流出を負として合計したもの）に等しくなります．エネルギーについても同様なことがいえます．力のやりとりも，「角運動量の保存」あるいは「運動量の保存」という形で同様にとらえることができますが，ここでは深入りしません．

フィードバックシステム　feedback system

たまりの量と外部からの強制作用によって流れの量が決まり，流れによってたまりの量が変化します．これは，計測・制御工学あるいはサイバネティクスでいうところの，**フィードバックシステム**でもあります．フィードバックの例は第2章（気候システムのエネルギー収支）と第3章（グローバルな気候の変化）で述べます．また，第9章（大気や水の循環に果たす植生の役割）でも出てきます．

乾燥大気　dry atmosphere
塩　salt

気候システムの概念は，物理に基づいて地球を考える立場で発達してきたので，物質を成分ごとに細かく分けて考えようとはしませんでした．ただし，1.7節で述べたように，大気・海洋・雪氷・陸面の水（3相を含むH_2O）の質量のやりとりは重要です．そこで，大気を水蒸気とその他（「**乾燥大気**」と呼ばれる），海洋を水とその他（「**塩**［しお］」と呼ばれる）のそれぞれ2成分からなるかのように扱うことが多いのです．

二酸化炭素　carbon dioxide
炭素の循環　carbon cycle

しかし，大気や海洋の成分をそのように単純化するのが適切でない場合もあります．大気中の**二酸化炭素**の量は，大気，海洋，陸上生態系の間の**炭素の循環**によって変化しています．その変化の仕組みを考えようとするとほかの元素の循環

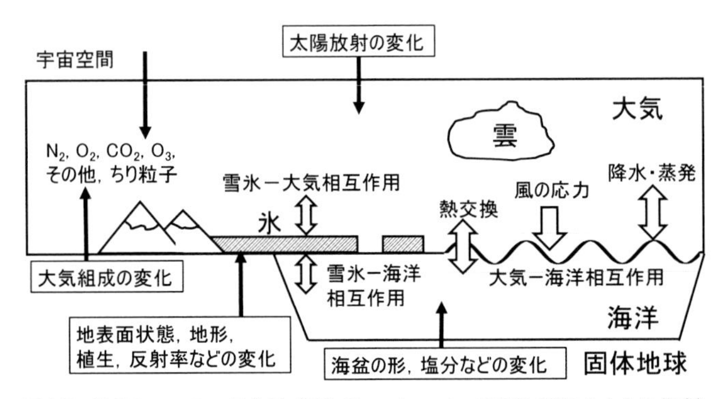

図1.5　気候システムの概念図（U.S. Committee for GARP 1975をもとに作成）

の知識も必要になります．そこで「**生物地球化学サイクル**」の概念も発達してきました．その背景となる専門分野は地球化学と生態学です．

生物地球化学サイクル biogeochemical cycle

「気候システム」と「生物地球化学サイクル」を合わせたものを考えるならば，大気中の二酸化炭素の量も，システム内の変数になります．このようなシステムは「**地球表層システム**」あるいは「**地球システム**」と呼ばれることが多いです．他方，気候システムだけを考えるときは，大気中の二酸化炭素濃度を，システム外から与えられる外部条件とみなすことが多いです．

地球表層システム Earth surface system
地球システム Earth system

気候システム全体として，質量保存とエネルギー保存を考えてみます．上側の境界での宇宙空間との間でも，下側の境界での地球内部との間でも，厳密に言えば，質量の交換はゼロではありません．しかし，気候システムの，時間スケール百万年ぐらいまでの振る舞いを論じるうえでは，よい近似で，気候システムは外との質量の出入りがない系であり，系内の質量は一定であるとみなせます（系の各部分の質量が一定であるという意味ではありません）．

エネルギーについては，太陽光がエネルギーを伴ってやってきますので，上側の境界での出入りは明らかです．第2章でみるように，気候システムはエネルギーを受け取る一方ではなく，宇宙空間に向けてエネルギーを出してもいます．下側の境界では，地球内部からの熱，いわゆる「地熱」があります．これは火山や温泉のあるところでは無視できません．しかし，地球内部から気候システムへの熱の流れの量（地球内部物理の学術用語で**地殻熱流量**といいます）を全地球で平均すると，約 0.1 W/m^2 にすぎません（Pollack et al. 1993 にあげられた数値は 0.087 W/m^2 です）．これは，上側の境界での出入りが全地球平均で約 240 W/m^2 であることを考えるとだいぶ小さいです．また，現代では人間社会の産業活動によって気候システムに出ていく**廃熱**がありますが，これも，全地球で平均すると約 0.03 W/m^2 と見積もられています（Flanner 2009）．そこで，グローバルな気候を考えるときには，下側の境界でのエネルギーの出入りを無視してよいと考えられます．

地殻熱流量 terrestrial heat flow

廃熱 waste heat

〔増田耕一〕

文　献

小倉義光 2016.『一般気象学 第2版補訂版』東京大学出版会.

川端康成 1952.『雪國』岩波書店.

国立天文台編 2020.『理科年表 2021』丸善出版.

サンパウロ／リオデジャネイロに暮らす編集委員会 1994.『サンパウロ／リオデジャネイロに暮らす』ジェトロ（日本貿易振興会）.

野上道男 2012.『魏志倭人伝・卑弥呼・日本書紀をつなぐ糸』古今書院.

松山 洋 2000. ブラジルからの手紙 (2) SACZ の下で暮らしてみれば．天気 47: 161-165.

Flanner, M. G. 2009. Integrating anthropogenic heat flux with global climate models. *Geophysical Research Letters* 36: L02801, DOI: 10.1029/2008GL036465

ICSU-WMO JOC (Joint Organizing Committee) 1975. *Physical basis of climate and climate modelling. GARP Publication Series No. 16.* Paris & Geneva: International Council of Scientific Unions and World Meteorological Organization.

NOAA, NASA and U. S. Air Force 1976. *U.S. Standard Atmosphere 1976.* Washington D. C.: U. S. Government Printing Office.

Oki, T. 1999. The global water cycle. In *Global energy and water cycles,* ed. K. A. Browning

and R. J. Gurney, 10-27. Cambridge: Cambridge University Press.
Pollack, H. N., Hurter, S. J. and Johnson, J. R. 1993. Heat flow from the Earth's interior: analysis of the global data set. *Reviews of Geophysics* 31: 267-280.
U. S. Committee for GARP 1975. *Understanding climatic change*. Washington D. C.: National Academy of Sciences.

気候，ところ変われば…

1.9 節に出てきたローカルな気候が，山のあちら側とこちら側で大きく異なる場合があります．有名なのは，「國境の長いトンネルを抜けると雪國であつた」（川端 1952）ですが，逆に，高校まで雪国で暮らしていた若者が大学生になって，初めて青空の東京で冬を過ごしたとき，「ああこういう国もあるんだ」と感激したといいます（野上 2012）．曰く，野上（2012）では，「日本では冬に雪国という国が生まれる」とのことです．

このように，日本では冬は気温が下がり，夏は気温が上がるため，四季がはっきりしています．これは中緯度の気候の特徴ですが，大陸の東西で気温の年変化の様子が異なります．例えば，ほぼ同じ緯度である仙台（38°16′N）とポルトガルのリスボン（38°43′N）の月平均気温（1981～2010 年の平均値）を『理科年表』で見てみると，仙台では気温が最低になる 1 月に 1.6℃，最高となる 8 月に 24.2℃になり，両者の差（年較差といいます）は 22.6℃になります．一方，リスボンでは 1 月が 11.4℃，8 月が 23.1℃で年較差は 11.7℃でしかありません．これは，大西洋のヨーロッパ沖を暖流（メキシコ湾流）が流れていること，海は陸と比べて冬に暖かく夏に冷たいこと，そして中緯度では西風が吹くことが影響しています．すなわち，ヨーロッパでは夏も冬も海からの風が卓越するため，冬はそれほど低温にならず，夏もそれほど高温にならないのです．日本の夏や冬とは大違いです．

一方，年較差よりも日較差（日最高気温と日最低気温の差）の方が大きいところも地球上にあります．それはおおむね北回帰線と南回帰線に挟まれた地域，すなわち熱帯です．筆者はその昔，ブラジルを通る南回帰線の直下付近で暮らしていたことがありますが（松山 2000），6～8 月の朝は吐く息が白くなるほど寒かったです．長袖を着込んで出かけると日中の気温は上がってかなり暑くなり，まさに「サンパウロでは一日の中に四季がある」（サンパウロ／リオデジャネイロに暮らす編集委員会 1994）ことを，身をもって体験することになりました．このように，「ところ変われば気候も変わる」といえると思います．

（松山 洋）

2 気候システムのエネルギー収支

「地球の気温はどう決まるか？」に答えるためには，エネルギー収支，太陽放射と地球放射についての知識が必要です．宇宙からみたときに観測される地球の温度は，地表面付近の気温よりもかなり低い値になります．その温度差を生じさせている温室効果についても学びましょう．

2.1 エネルギーの伝達

エネルギーの出入りのあり得る箱を考えると，**エネルギー保存**の法則は，「箱の中のエネルギーの**たまり**の変化は，箱の壁を通るエネルギーの**正味の流入量**に等しい」と表現できます．ただし正味の流入とは，流入を正，流出を負として合計したものです．

箱の壁を通るエネルギーの出入りの仕組みは，「仕事」と「熱」に分けられ，そのうち熱の伝達は「**伝導**」「**対流**」「**放射**」で論じられることが多いです．このうち，熱伝達論でいう「対流」[1]は，物質（質量）の移動に伴ってその物質のもつエネルギーが動くことです．

「放射」[2]は，**電磁波**に伴ってエネルギーが動くことです．箱のエネルギー収支を考える場合は，箱の中の物質が電磁波を吸収することはエネルギーの収入，電磁波を射出することはエネルギーの支出とし，電磁波が箱を透過するだけならばエネルギー収支には関与しない，という約束にしましょう．

2.2 電磁波（放射）

電磁波の**波長**と**振動数**[3]との関係および分類は，図 2.1 のようになります．電磁波は波であり，波長を λ，振動数を ν，光速を c とすれば，

$$\lambda\nu = c \tag{2.1}$$

の関係が成り立ちます．真空中の光速は定数であり，2 億 9979 万 2458 m/s です

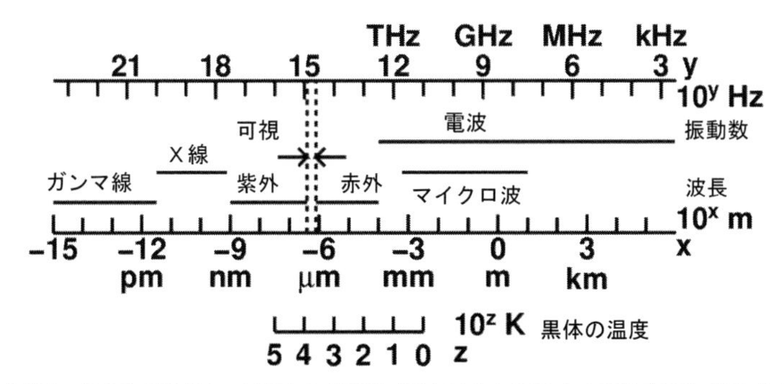

図 2.1 電磁波の波長と振動数との関係および分類（国立天文台 2019 および長倉ほか 1998 をもとに作成）横軸に示した数字は，軸が表す物理量の 10 のベキ乗指数である．たとえば波長の軸の「−6」は 10 のマイナス 6 乗，つまり百万分の 1 メートルである．縦の点線と矢印で囲まれた範囲が可視域に相当する．

正味の流入量　net inflow

伝導　conduction

対流　convection

放射　radiation

[1] 気象・海洋・水文などの専門分野では，「対流」という言葉はもっと限定された運動の様式を指し，流体の運動に伴うエネルギーの輸送は，空間・時間スケールが大きな運動による場合は「移流」，小さな運動による場合は「乱流輸送」といいます．大小の境界は決まっていませんが，筆者の感覚では水平スケール 1 km 程度です．

[2]「放射」と「輻射」（ふくしゃ）は同意語です．気象学では普通，「放射」が用いられます．なお，ここでいう「放射」は，「放射能」に関連する「放射」（電離放射線）とは違う意味です（γ 線はどちらにも含まれますが）．

電磁波　electromagnetic wave

波長　wavelength

振動数　frequency

[3] 空間の中で波の山から山までの長さが「波長」です．時間軸上で波の山から山までにかかる時間が「周期」です．周期の逆数，つまり単位時間中に波が何回あるかが「振動数」です．「振動数」と「周波数」は同意語であり，ここでは「振動数」を使います．

(国立天文台 2019). 概算で3億 m/s であり,「1秒間に地球を7回半回る」のほうが覚えやすいかもしれません(実際に光が回るわけではありません). 空気中の光の速さは, 温度や水蒸気量などによっていくらか変化し, そのことが水蒸気量の観測に使われることもあります. しかし, 概算では光速は定数とみなしてよいです.

プランク定数　Planck constant

電磁波は量子論に従う素粒子でもあり, その文脈では「光子」と呼ばれます. 1個の光子がもつエネルギーは振動数 ν と**プランク定数** h($6.62607015 \times 10^{-34}$ J s) の積です. つまり, 波長が短い電磁波ほど, エネルギーが大きなかたまりになってやってきます. このことは, 電磁波を受け取った物質にどのような変化が起こり得るかに関連してきます.

黒体　black body

射出率　emissivity

あらゆる物体は, その温度に応じた放射(熱放射)を出しています. 理想的な物体として**黒体**というものを考えます. 黒体は, それに入射する電磁波を全波長帯にわたって全部吸収する物体です. 黒体が出す熱放射のエネルギーの流れの量は, 黒体と電磁波とが熱平衡にあるという条件によって, 温度を指定されれば決まってしまいます. 現実の物体からの熱放射は, 黒体放射よりも小さめになり, 黒体放射に**射出率**という0と1の間の値をとる数値をかけた形で表現できます. 射出率は, 物質によって, また波長によって, 異なります. ある物質の波長ごとの射出率は, 同じ物質による同じ波長の電磁波の吸収率に等しくなっています.

この章では温度として**絶対温度**を扱います. その SI 単位は K(ケルビン)です. K で表される温度の値は℃で表される温度の値に 273.15 を足したものです.

2.3　黒体放射のエネルギースペクトル(波長別エネルギー分布)

エネルギースペクトル　energy spectrum

黒体放射の**エネルギースペクトル**(波長別エネルギー分布)は, 図 2.2 のようになります.

エネルギースペクトルの波長別放射輝度が極大となる波長は, 絶対温度に反比例します(ウィーンの変位則). また, 波長に分けない黒体放射の放射輝度(単位面積から単位時間に出ていくエネルギーの流れ)は, 絶対温度の4乗に比例します(シュテファン・ボルツマンの法則).

$$\text{黒体放射の放射輝度} = \sigma_B T^4 \tag{2.2}$$

シュテファン・ボルツマン定数　Stefan-Boltzmann constant

ここで σ_B は**シュテファン・ボルツマン定数**(5.67×10^{-8}(W/m^2)/K^4), T は絶対温度です.

放射輝度とエネルギーフラックス密度はどちらも単位面積・単位時間当たりのエネルギーの流れであり, 概念は異なりますが, 単位は同じ W/m^2 であり, 放射を射出する面が無限に広がる平面とみなせて, それに垂直な方向のエネルギーの流れを考えるときには両者は同じになります.

図 2.2 で表示した数値は, 黒体放射の波長当たりの放射輝度(次の式 (2.3) の $B_\lambda(\lambda)$)の, SI 単位での値です.

$$B_\lambda(\lambda) = \frac{2hc^2}{\lambda^5 \exp\left(\dfrac{hc}{\lambda kT}\right) - 1} \tag{2.3}$$

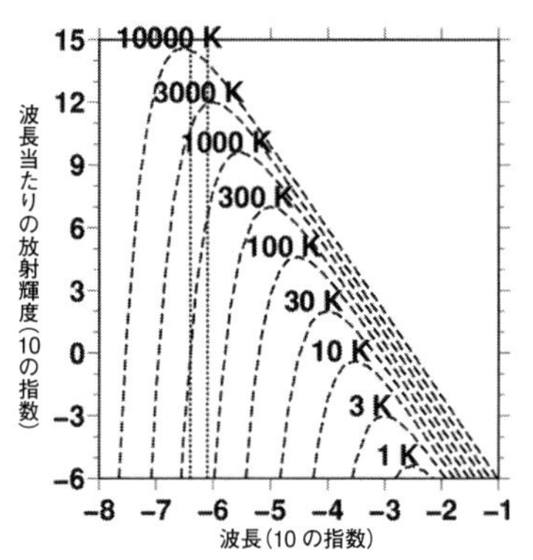

図 2.2 黒体放射のエネルギースペクトル（波長別エネルギー分布）
横軸：波長（メートル単位の値の 10 の指数を示す）．
縦軸：波長別放射輝度（SI 単位の値の 10 の指数を示す）．
横軸の −7 と −6 との間にある縦点線は，可視光の波長範囲を示す．

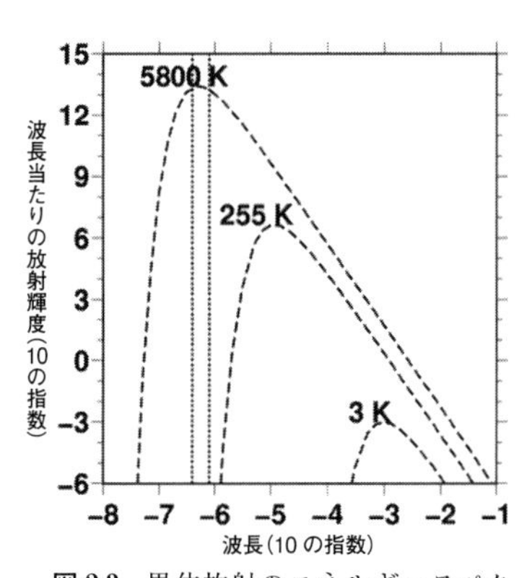

図 2.3 黒体放射のエネルギースペクトル（波長別エネルギー分布）
図 2.2 から太陽，地球，宇宙空間をそれぞれ抜き出したもの．グラフの縦軸，横軸，縦点線は図 2.2 と同じ．

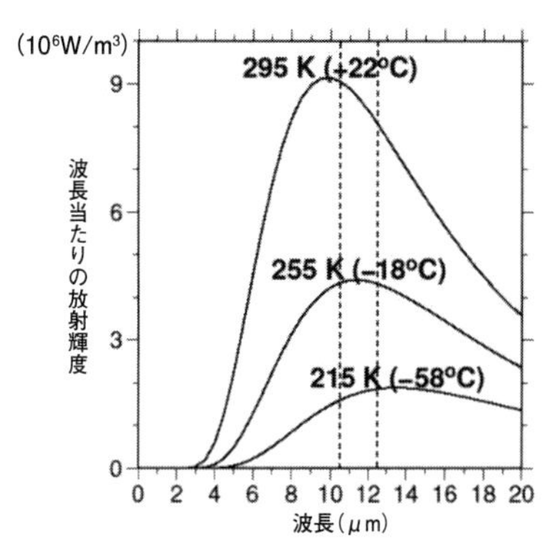

図 2.4 黒体放射のエネルギースペクトルと，気象衛星「ひまわり」1-4 号の赤外チャネルの波長帯（縦点線の範囲）
縦軸は波長別放射輝度（単位：10^6（W/m^2）/m）．

ここで，λ は波長，T は温度，c は光速，h はプランク定数，k はボルツマン定数（1.380649×10^{-23} J/K）です．ただし，図 2.2 は両軸とも対数目盛りにし，軸には，波長と，波長当たりの放射輝度の，それぞれの数値を 10 のベキ乗の形に書いたときのベキ指数を示しました．たとえば波長の軸の「−6」は 10 のマイナス 6 乗，つまり百万分の 1 メートルです．

図 2.3 は，図 2.2 から，それぞれ太陽（5800 K），地球（255 K），宇宙空間（3 K）からの放射を大まかに近似する黒体放射のエネルギースペクトルを抜き出したものです．

図 2.4 には気象衛星「ひまわり」1-4 号の**赤外チャネル**の波長帯を示します．「ひまわり」5-7 号では，この波長帯が 2 分割されており，また赤外波長域のうちのほかの部分を観測するチャネルもあります．「ひまわり」8 号ではさらにチャネル数が増えています．このグラフの軸は，図 2.2，図 2.3 とは異なり，縦軸・横軸ともに対数ではなく物理量そのものです．

赤外チャネル　infrared channel

「ひまわり」1-4 号の赤外チャネルは，大気の気体成分による吸収・射出が比較的少ない波長帯に設定されています．そして，この波長帯で，地面や水面や雲などは，厳密には黒体ではありませんが，射出率は 1 にかなり近いです．この波長帯の放射は，地面や水面や**雲頂**（雲の上側の面）の温度による黒体放射に近いものになります．そこで，赤外チャネルで放射を観測することによって，地面や水面や雲頂の温度の近似値が得られるのです．なお，雲のほとんどは大気のうち対流圏にあり，1.5 節でみたように，対流圏では高さが高いほど気温が低いので，雲頂温度が低いほど，雲頂は高いところにあると推測できます（なお，赤外チャネルの観測値を画像としてみるときは，放射輝度が弱いほど明るく表示するのが普通です．人が可視の波長域の経験によって得た「雲は白い」という感覚にあわせているのです）．

雲頂　cloud top

2.4　気候システムのエネルギー収支に関する最も単純なモデル

気候システムの状態は，空間的な場所によっても異なり，時間によっても変化し得ます．その変化を決める法則も単純ではありません．しかし，ここでは気候システムに関する最も単純なモデルとして，時間に伴う変化がない場合（**定常状態**）を考え，空間的不均一性も無視し，法則としては気候システム全体のエネルギーの保存だけを考えることにしましょう．

定常状態　steady state

まず，気候システム全体のエネルギーのたまりの量をひとまずEと書くことにしましょう．このシステムが定常状態にあるとは，Eの時間変化が0になること，すなわち，$dE/dt = 0$の状態をいいます．エネルギー保存の法則から，定常状態では，エネルギーの単位時間当たりの正味の流入が0になります．

現実の空間は三次元ですが，ここでは，緯度，経度，高さの全方向の空間的不均一性を省略して考えます．このような扱いを**0次元モデル**ということがあります．すると，気候システムの温度は1つの数値Tで代表されます．

0次元モデル　zero-dimensional model

気候システムの下側境界でのエネルギーの出入りは第1章で述べたように省略できますので，エネルギーの出入りは，いずれも気候システムの上側境界（**大気上端**と呼ぶことがあります）で起こります．収入は太陽から来る放射のうち地球が吸収する部分です（ここでは地球が反射する部分は収入にも支出にも含めないことにします）．支出は地球が射出する放射です（図2.5）．

大気上端　top of atmosphere

ここで定常状態を考えると，「単位時間当たりエネルギー流入＝単位時間当たりエネルギー流出」ですから，「吸収する**太陽放射**＝射出する**地球放射**」となります．

太陽放射　solar radiation
地球放射　terrestrial radiation
惑星アルベド　planetary albedo

現実の地球で起こる太陽放射の吸収は，昼側の半球で起こり，その量は一様ではありません．しかし，地球内部は太陽放射に対して不透明ですから，地球は太陽放射をそれに直交する断面で受けとめるかのように考えることができます（図2.5）．地球の位置で太陽放射は平行光線と考えてよく，その単位面積・単位時間当たりのエネルギーの流れの量をSとしましょう．届いた太陽放射のうち地球が反射する部分の割合をα_Pとしましょう（この量は「**惑星アルベド**」と呼ばれるので，「アルベド」をα，「惑星」をPで表現しました）．地球半径をR，円周率をπとすれば，単位時間当たりの地球のエネルギー収入は$\pi R^2 \times (1 - \alpha_P) \times S$になります．

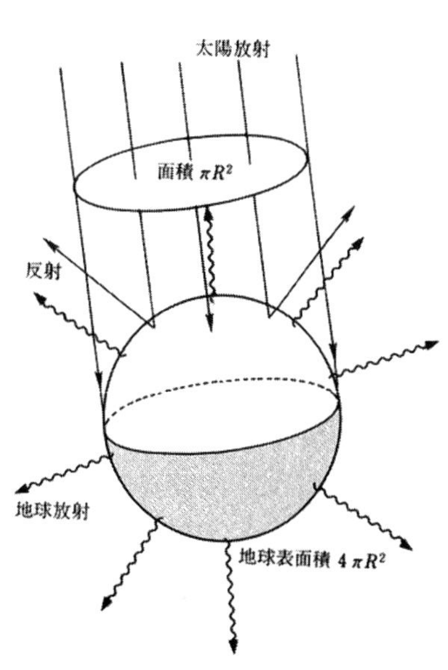

図2.5　地球が吸収する太陽放射と地球が出す放射（地球放射）との関係（増田・田辺 1994）

エネルギー支出は，温度Tの黒体放射があらゆる方向に出ていくとしましょう．単位面積当たりの単位時間当たりのエネルギー支出は$\sigma_B T^4$です（式（2.2））．収支がつりあっていることは，式（2.4）の形に書けます．

$$\pi R^2 \times (1 - \alpha_P) \times S = 4\pi R^2 \times \sigma_B T^4 \tag{2.4}$$

σ_Bはシュテファン・ボルツマン定数です．Sは，現実には太陽・地球間の距離によっても変動しますが，平均距離での値で代表させることにします．この量は厳密な定数ではありませんが伝統的に**太陽定数**と呼ばれてきました[4]．1978 年以来の人工衛星による観測で，S の値は，有効数字 3 桁で 1360 W/m^2 です．± 1 W/m^2 ぐらいの変動がありますが，ここでは定数と考えることにしましょう．a_P も人工衛星による観測で，0.29 ～ 0.31 の値が得られています．ここでは 0.30 で一定とします．すると，式(2.4)の未知数は T だけとなり，その数値は 254 K（－19℃）と求められます．この T は，いわば，地球が射出する放射の代表温度であり，「地球の**有効放射温度**」と呼ばれ，T_e と書かれることがあります．

有効放射温度の値は，大気の対流圏中層（高さ 5 ～ 6 km）の気温に近くなりますが，地上気温の全球平均約 14℃（287 K）よりはだいぶ低いです．地上気温が有効放射温度 T_e よりも高くなっている理由は，地球大気中に地球放射を吸収・射出する物質（温室効果物質）があることで説明されます（2.5 節）．温室効果物質のうち気体であるものを**温室効果気体**といいます．

太陽定数　solar constant

[4] 近ごろ英語では solar constant にかわって total solar irradiance（TSI）という表現が使われています．日本語に訳すと「全波長太陽放射照度」となりますが，この表現はまだ普及していません．

有効放射温度　effective radiative temperature

温室効果気体　greenhouse gas

2.5　地球大気のもつ基本的な温室効果

地球放射は，波長 10 μm 前後の赤外線を主としています（図 2.3 参照）．そして，地球の大気は，この波長の赤外線を吸収・射出する物質を含んでいます．太陽放射については，紫外線の部分を成層圏にある**オゾン**（O_3）がほぼ完全に吸収してしまいますが，その他は（地球放射の場合に比べれば）透明に近いです．

オゾン　ozone, O_3

ここでは，2.4 節の 0 次元・定常のエネルギー収支による気候のとらえ方を，少しだけ複雑にして，鉛直方向の構造として大気と地表面を区別します．大気はまず 1 層の場合を考え，それから多層の場合を考えます．大気層は厚さをもたず，質量が面に集中しているように考えます．上に述べた大気の放射吸収の性質を理想化して，大気は太陽放射に対しては透明，地球放射については完全に不透明とします．普通のガラス板はこれに似た性質をもっていますので，ここで考えた大気のモデルは，理想化したガラス板のようなものです．

図 2.6（a）は大気のない場合で，2.4 節でみたのと同じ状況です．（b）は大気がガラス板 1 枚の場合，（c）は 2 枚の場合です．図の黒の矢印は太陽放射で，気候システムが反射する部分を除いて吸収する部分だけを示します．白の矢印は地球放射です．

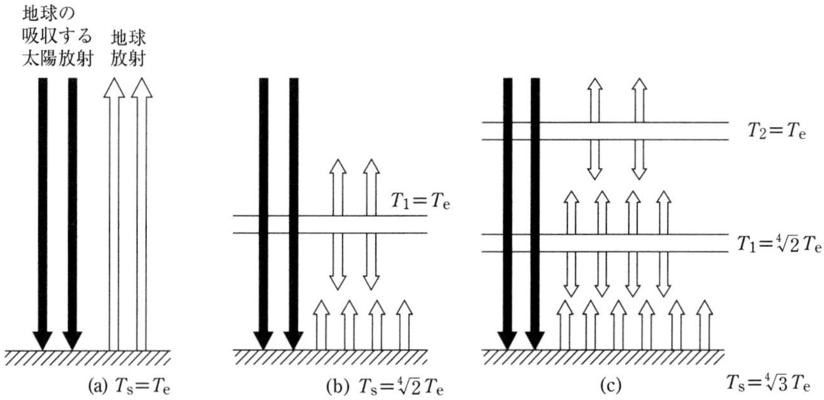

地球の吸収する太陽放射　地球放射

$T_1 = T_e$

$T_2 = T_e$

$T_1 = \sqrt[4]{2}\,T_e$

(a) $T_s = T_e$　(b) $T_s = \sqrt[4]{2}\,T_e$　(c) $T_s = \sqrt[4]{3}\,T_e$

図 2.6　温室効果を説明する簡単なモデル（増田・田辺 1994 に加筆）

1枚の大気があると，地表面は太陽放射と大気層からの下向き地球放射を吸収し，地表面温度の黒体放射を上向きに射出します．大気層は地表面からの上向き地球放射を吸収し，大気層の温度の黒体放射を上下に射出します（図2.6（b））．定常を仮定するので，地表面にも大気層にもエネルギーのたまりの変化がなく，それぞれ吸収しただけのエネルギーを射出します．そのことによってそれぞれの温度が決まります．大気層の温度 T_1 は地球の有効放射温度 T_e に等しくなり，地表面温度 T_S は（絶対温度で）T_e の「2の4乗根」倍，つまり約1.2倍になります．

2枚の大気があると，同様に，地表面温度 T_S は有効放射温度 T_e の「3の4乗根」倍になります（図2.6(c)）．板の数を増やすと，このモデル上では地表面温度をいくらでも高くできます．ただし現実には熱力学の制約があるので太陽の表面温度より高くなることはあり得ません．このモデルは極端な単純化をしているので現実世界との対応づけはむずかしいですが，大ざっぱには，地球大気は約1枚，金星大気は約80枚に相当する温室効果をもっています．

2.6　温室効果気体 [5]

[5] 2.6～2.8節の記述は，増田（2017）を再利用しています．その執筆の際に，浅野（2010），中島・早坂（2008），笠原・東野（2007）を参照しました．

気体分子が波長10 μm前後の赤外線を吸収・射出する仕組みは，分子の振動または回転に伴うものです（詳しくは浅野2010，ペティ2019などをみてください）．電磁波は振動数に比例（波長に反比例）する量のエネルギーをもつ粒子（光子）の集まりでもあります．分子はいくつかのエネルギーレベルの異なった固有振動のモードをもち，そのエネルギーレベルの差に対応する光子を吸収・射出します．ところが窒素（N_2），酸素（O_2）などの同じ原子からなる2原子分子や，アルゴン（Ar）などの1原子分子は，有効な振動モードをもっていません．地球放射の吸収・射出に効くのは，水蒸気（H_2O），二酸化炭素（CO_2），オゾン（O_3），メタン（CH_4），一酸化二窒素（N_2O），フロン類（CCl_3F ほか）などの3原子以上の分子です（一酸化炭素（CO）などの非対称な2原子分子もいくらか効きます）．これらの物質を温室効果気体と呼びます．

分子当たりの吸収・射出の強さと分子数とのかけ算で考えて，地球大気の温室効果にとっていちばん重要なのは，**水蒸気**です．しかし，大気中の水蒸気は海から供給され，その量は温度が高いほど多くなります．大気中の水蒸気量と温度との因果関係は双方向であり，水蒸気の温室効果は気候システムにとって正の**フィードバック**として働きます．このことは第3章で扱います．

フィードバック　feedback

2.7　温室効果気体濃度の変化に伴う気候の変化 [5]

太陽放射に対して地球大気は，成層圏のオゾンが紫外線の大部分を吸収するのを別にすると，透明に近いです．そのため，太陽放射の吸収の大部分は地表面で起こります．大気下層（対流圏）は，下にある地表面から地球放射および潜熱・顕熱の乱流輸送（第5章で扱います）によってエネルギーが供給されるので，対流が起きやすくなっており，その結果，鉛直温度勾配は対流が起きるか起きないかの限界に近い状態に維持されています．

このような対流圏の存在を前提として温室効果気体の増加が気候に及ぼす影響

を考えてみます（図2.7，真鍋 1985）．まず気候が，地球が吸収する太陽放射と宇宙空間に出ていく地球放射とがつりあった定常状態にあるとします．出ていく地球放射は，実際は大気からの放射と海面や陸面からのものを含みますが，単純化して，気温が有効放射温度に一致する高さ（B）から出るものと考えます．言い換えると，地球を外から赤外線の目でみたとき，みえるところがBなのです．

ここで，温室効果気体濃度が増加すると，大気は赤外線に対してより不透明になります．外からみえる高さがB"になったとすると，出ていく地球放射は地球が受け取る太陽放射よりも少ないので，気温がCまで上昇して新たな定常状態に落ち着きます．対流で決まる鉛直温度勾配が変わらないとすれば，地上気温はB'からC'まで上がります．

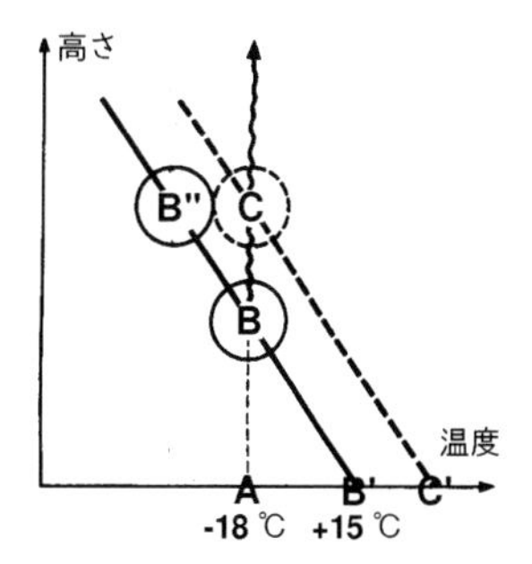

図2.7　温室効果に伴う対流圏の気温の変化の模式図（真鍋 1985に加筆）

2.8　エーロゾルや雲とその放射に対する効果[5)]

エーロゾル（エアロソル，エアロゾルという語形も使われます）とは，気体中に固体や液体の粒子が浮遊している状態，あるいはその粒子を指します．雲も本来は氷や水の粒子からなるエーロゾルですが，気象・気候の話題では別扱いにします．エーロゾルの粒径は0.003 μmから100 μmに及びますが，粒子と放射との相互作用の大きさは粒子の断面積に比例するので，放射収支を通じて気候に及ぼす影響にとっては粒径2 μm以下の微小粒子が重要です（太田 1991）．粒子には，**硫酸液滴**，硫酸アンモニウム，硝酸アンモニウム，海塩粒子，一部の有機物などの太陽光に対してほとんど透明なもの（ここでは仮に白い粒子と呼びます）と，すす（黒色炭素）や土壌粒子などの太陽光を吸収するもの（黒い粒子と呼びます）があります．

エーロゾル　aerosol

硫酸液滴　sulfuric acid droplet

エーロゾル粒子は太陽光を散乱します．それが地表に及ぼすおもな効果は**直達日射**（太陽放射のうち光線として伝わる部分）が減ることです．この場合，地表に達する**散乱日射**（太陽放射のうち方向がランダムになった部分）は増えますが，合計の**全天日射**にはいくらかの減少をもたらします．一方，大気層の放射収支には，理想的に透明な粒子は影響を及ぼしませんが，太陽光を吸収する粒子はその存在するところの大気に対する熱源となります．

直達日射　direct solar radiation

散乱日射　diffuse solar radiation

全天日射　global solar radiation

大気と地表を合わせた気候システムのエネルギー収支にとっては，散乱の効果は太陽放射のうち反射となる割合を増やしますので収入を減らします．白い粒子はこの効果が大きいです．他方，吸収の効果は収入を増やします．黒い粒子はこの効果が大きいです．

エーロゾル粒子は地球放射の波長帯の電磁波も吸収・射出します．白い粒子であっても地球放射の波長帯では吸収率・射出率が1に近いものが多いです．したがって，エーロゾルは大気の温室効果に寄与します．

エーロゾル粒子のうちでも硫酸液滴などは，雲粒ができる際の**雲凝結核**となります．凝結核が多いと，雲水量が同じであっても粒子の数が多くなり，断面積の合計が大きくなるため，太陽放射の反射が増えることになります．また，小さい雲粒のほうが長時間にわたって大気中にとどまりやすいことも，太陽放射の反射を増やすように働きます[6)]．

雲凝結核　cloud condensation nuclei

[6)] この段落で述べたことは，浅野（2010）の8.4節でいう「間接放射効果」にあたります．

火山噴火　volcanic eruption

火山噴火はさまざまなエーロゾルをもたらしますが，火山灰などの粗大粒子の影響は近距離にとどまります．全球規模の気候に影響をもたらすのは主として，火山から気体として噴出した二酸化硫黄（SO_2）が大気中で反応してできる硫酸液滴です．粒子は次第に落下しますが，硫酸液滴は1年から2年にわたって成層圏にとどまります（岩坂 2013）．なお，硫酸エーロゾルの量は，必ずしもマグマ噴出でみた噴火の規模とは対応していません．

雲も，ほかの白い粒子と同様に，散乱によってエネルギー収入を減らす効果と，温室効果とを併せもちます．どちらが大きいかは，雲水量，粒径，雲頂・雲底の温度などによります．現在の気候のもとで，雲は正味でエネルギー収入を減らす働きをしています．〔増田耕一〕

文　献

浅野正二 2010.『大気放射学の基礎』朝倉書店.
岩坂泰信 2013. 火山噴火と気候 . 天気 60: 803-809.
太田幸雄 1991. 大気エアロゾルの増加に伴う気候の変化．エアロゾル研究 6: 98-105.
笠原三紀夫・東野 達編 2007.『エアロゾルの大気環境影響』京都大学学術出版会.
国立天文台編 2019.『理科年表 2020』丸善出版.
長倉三郎・井口洋夫・江沢 洋ほか編 1998.『岩波 理化学事典 第5版』岩波書店.
中島映至・早坂忠裕編 2008. エアロゾルの気候と大気環境への影響 . 気象研究ノート No.218. 日本気象学会.
ペティ，G. W. 著，近藤 豊・茂木信宏訳 2019.『詳解 大気放射学』東京大学出版会．Petty, G. W. 2006. *A first course in atmospheric radiation (second edition)*. Madison: Sundog Publishing.
増田耕一 2017. 温室効果と日傘効果．小池一之・山下脩二・岩田修二ほか編『自然地理学事典』120-121. 朝倉書店.
増田耕一・田辺清人 1994. 温暖化．環境情報科学センター編『図説環境科学』96-101. 朝倉書店.
真鍋淑郎 1985. 二酸化炭素と気候変化．科学 55: 84-92.

3 グローバルな気候の変化

グローバルな気候変化をもたらす要因を考えます．そのうち，太陽活動について少し詳しく考えます．次に，気候システムにはいろいろなフィードバックがあることを学びます．最後に，数値実験を通じて，海洋が気候に及ぼす影響についてみていきましょう．

3.1 気候変化の要因[1]

気候変化の原因は，**気候システム**の外部にもあり得ますし，内部で自発的に変動が起こることもあり得ます．ただし，両者の考えは全く独立ではありません．ある周期の振動を自発的に起こし得るシステムに，それに近い周期の外力が加われば，共鳴を起こすことがあります．たとえば，ぶらんこは振り子の原理による固有の振動周期をもっており，それを大きく揺らそうとするときには，その周期に近い時間間隔で力を加えます．実際にみられる気候変化は，おそらくシステム外とシステム内の両方の要因がからみあったものでしょう．

システムに関連する重要な概念として，フィードバックがあります．ある量が変化した影響が，他の量の変化を通して，元の量に戻ってくることがあります．それが，最初の変化を強める方向に働く場合を**正のフィードバック**，弱める方向に働く場合を**負のフィードバック**といいます．たとえば，気候システムには，気温が上がると地球から出ていく放射が増えて気温を下げるように働くという，基本的な負のフィードバックがあります．フィードバックについては3.3節で説明します．フィードバックは第9章にも出てきます．

ここではまず，全球規模の気候変化について考えます．気候システム全体としてその外部との相互作用を考えると，質量の出入りは無視でき，エネルギーの出入りは放射（電磁波）のみです．そこで，気候変化の要因としては，これらの放射の出入りを制御する要因が主だと考えられます．

まず，地球に届く**太陽放射**の変化には，以下のものがあります．

(a) 太陽から出る放射の強さの変化（3.2節）
(b) 太陽と地球の**幾何学的配置**に伴う変化
(c) 太陽と地球の間に存在する物質による吸収の変化（実態がわかっていないので議論は省略します）

また，地球が太陽放射を吸収する割合の変化として

(d) 地表面の**反射率**（**アルベド**）の変化（後述，3.3節）
(e) 大気中の**エーロゾル**（固体・液体微粒子）の変化（第2章2.8節）

が考えられます．さらに，地球上の物体が出す地球放射を変化させることによって大気や地表面の温度を変化させる要因には，

(f) 大気中の地球放射を吸収・射出する成分（温室効果物質，そのうち気体であるものが**温室効果気体**）の変化（第2章2.6～2.7節）

[1] 3.1～3.3節は，増田（2003，2017）を再利用して編集しました．

気候変化 climate change

正のフィードバック positive feedback

負のフィードバック negative feedback

幾何学的配置 geometric arrangement

反射率 reflectivity

アルベド albedo

があります．また，(e) で述べたエーロゾルも地球放射を吸収・射出する働きもあります．

地表面のアルベド　surface albedo

地表面のアルベドは，地表面が太陽放射を反射する割合です．これは，海と陸，あるいは植生と裸地との間でも必ずしも無視できない違いがありますが，これを最も大きく変えるのは雪氷です．雪氷は水面や土壌・植生よりもアルベドが大きいので，太陽放射吸収を減らして温度を下げるように働きます．この仕組みは，H_2O が存在し，それが氷と液体の水の両方の状態をとり得る温度範囲で，温度変化に対して正のフィードバックとなります．

このほか，気候変化の要因として重要と思われるものを順不同に列挙します．気候システムの外から気候システムに影響を与える要因として，海陸分布の変化，山などの地形の変化があげられます．また，気候システム内で生じる要因として，海と大気とのエネルギー交換効率の変化，海洋の深層の循環速度や循環形態の変化，氷床のダイナミックスがあげられます．

エネルギーの再分配　redistribution of energy

ローカルな気候変化の原因には，全球規模の気候変化に加えて，次の2つがあります．その仕組みの1つは，気候システム内の**エネルギーの再分配**です．気候システム全体のエネルギー総量は変わらなくても，たとえば，エネルギーが日本付近で減ってアラスカ付近で増えるような変化が起これば，日本では寒冷化，アラスカでは温暖化が起こるかもしれません．

ヒートアイランド　heat island
人工廃熱　anthropogenic waste heat

もう1つは，ローカルな原因です．たとえば，都市の**ヒートアイランド**現象は，土地被覆改変による地表面エネルギー交換の変化および**人工廃熱**によって起こります．ただし，それらの効果は全球規模で平均したエネルギー収支にとっては小さいです．たとえば，2005年現在の人工廃熱の全球平均値は $+0.028\ \mathrm{W/m^2}$ と見積もられており（Flanner 2009），これは地表に吸収される太陽放射に対して4桁小さいです．したがって，全球規模の気候変化を論じる際には人工廃熱は省略されますが，ローカルな気候変化にとって人工廃熱は重要です．

3.2　太陽活動が気候変化に及ぼす影響[1)]

太陽光度　solar luminosity

太陽光度（太陽が単位時間当たりに出しているエネルギー総量）が大きければ，地球に入るエネルギーが多いので，地球の温度が高くなり，出ていく**地球放射**も大きくなってつりあいます．水蒸気のフィードバック（3.3節で説明します）の効果を含めた数値モデルによれば，太陽光度が1%多いときの**定常状態**では，全球平均地上気温は約2K高くなります．

光球　photosphere
黒点　sunspot

太陽が出している放射の大部分は**光球**と呼ばれる層から出てきます．光球には**黒点**と呼ばれるものがあります．黒点は光球の他の部分よりも温度が低いので射出する放射が少なく，可視光による画像では黒くみえるのです．黒点数には約11年周期の変動がみられます．太陽光度には，1978年以後の人工衛星による連続観測によれば，太陽黒点と同じ約11年周期で光度自体の1000分の1程度の変動がありますが，光度が大きいのは黒点数の多いときです．黒点自体は周囲よりも出す放射量が小さいのですが，黒点が多い時期は太陽表面の明るい部分（**白斑**といいます）も多く，太陽表面の対流が活発であると考えられています（Gray et al. 2010）．

白斑　facula

他方，物理に基づく恒星の理論によれば，太陽光度は地球形成以来現在までに約30% 増加しています．10年と十億年の中間の時間スケールでの太陽光度の変化は定量的にはよくわかっていません．太陽活動の指標としては，西暦1600年頃以後については黒点数の観測値があります. また過去数千年の期間については，湖の堆積物や木の年輪に含まれた ^{14}C や氷床の氷に含まれた ^{10}Be などの**放射性核種**の測定に基づいたこれらの核種の発生量の推定値が使われます．これらの核種は銀河宇宙線によってできますが，太陽磁場が強いと宇宙線が地球に達することが妨げられ，これらの核種の発生が少なくなります．それで，これらの核種の発生量は，太陽磁場の変動の指標になります．ただし，地球磁場の変動の影響も受けます．

放射性核種 radioactive nuclei

西暦1645〜1715年頃は太陽黒点がほとんどみられず，他の証拠からも太陽活動が不活発であったことが知られており，**マウンダー極小期**と呼ばれます．この時期は，少なくとも北半球中緯度で，気候が寒冷であり，その原因は太陽活動だろうという推測がされてきました．

マウンダー極小期 Maunder minimum

太陽活動が気候変化に及ぼす影響について考えられる仕組みの第1は，太陽光度の変化による気候システム全体のエネルギー収支の変化です．ただし，約11年周期の変動の経験によって得られた黒点数と太陽光度の関係式を黒点数がほぼゼロで続いていた時期に適用するのが妥当かはよくわかりません．研究の一例として，Feulner and Rahmstorf (2010) は，太陽光度が現代よりも0.08% から0.25% 小さかったという推定値を気候モデルに与えて，全球平均地上気温は現代よりも0.1℃から0.3℃低かったという結果を得ています．

第2に，太陽放射のうちの**紫外線**の部分の黒点周期に伴う変動は太陽放射全体の変動よりも強く，極大と極小との差が平均値の約4% に及びます (Gray et al. 2010)．紫外線は**成層圏オゾン**に吸収されるので，その変動は成層圏の気温を変化させます．その結果，**対流圏**から**成層圏**に向かう大気の大規模な力学的な波の伝わり方が変わり，対流圏の温度の地理的分布に影響を与えるでしょう．これは空間分布を無視した0次元モデル (2.4〜2.5節で扱ったようなもの) の太陽放射のところを変えるだけでは表現できない因果連鎖です．

紫外線 ultraviolet

成層圏オゾン stratospheric ozone

第3に，雲を介する仕組みが考えられます．**雲凝結核**となるエーロゾル粒子が増えれば，雲粒が小さくなり，表面積と大気中滞在時間の両方の効果で太陽光反射が増えて，寒冷化に働くと考えられます．この種類の議論のうち，太陽活動が弱いほど銀河からの宇宙線が大気下層まで多く届き，硫酸などのエーロゾル粒子が多くできるという説があります．しかし太陽活動が雲に影響を与える仕組みは宇宙線の変調だけではありません．筆者は，太陽磁場の変動が大気電磁気の変化を通じて雲を変化させることのほうが重要だと思います (ただし，それよりも深く検討することはできていません)．

3.3 気候システムの中のいろいろなフィードバック[1)]

気候システムにはいろいろなフィードバックの仕組みがあります．

ここでは，システムの状態の変数の例として気温に注目します．全球平均気温を想定しても，特定の場所の気温を想定してもよいですが，それぞれの場合によって考慮する必要のある変化要因が違ってきます．そして，「仮にある向きの変化が起こったらどうなるか？」という考え方に基づいてフィードバックを考えます．気温が少し上がったら，何か（Yとします）が少し変わり，Yの変化がさらに気温を上げるように働く場合が正のフィードバック，気温を下げる（気温上昇をおさえる）ように働く場合が負のフィードバックです．気温が逆に少し下がった場合は，フィードバックの仕組みが同様であれば，Yの変化は，正のフィードバックの場合は気温をさらに下げるように働き，負のフィードバックの場合は気温の下降をおさえるように働きます．

2.3節で扱ったように，黒体放射のエネルギーは絶対温度の4乗に比例します（シュテファン・ボルツマンの法則）．仮に温室効果の強さが変化しないとすれば，気温が高いほど，地球が出す放射の代表温度も高く，地球放射によって地球が失うエネルギーは大きくなります．これは温度に対して負のフィードバックとして働きます（図3.1（a））．この負のフィードバックがあるから，地球上の温度はあまり激しく変化しないで済んでいます．しかしながら，このことは，気候システムを論じるうえではわざわざ述べられず，省略されてしまうことが多いです．

地球には海があるので，気温が上がれば，海から水が蒸発して大気中の**水蒸気**が増えます．水蒸気は温室効果気体なので，このような水蒸気の変化は，温度変化に対して正のフィードバックとして働きます（図3.1（b））．

雪氷　snow and ice

雪氷は普通，水面や土壌や植生に比べてアルベドが大きいです．気温が高いと雪氷は融けてしまうので，地表面のアルベドが小さくなり，したがって地球に届く太陽放射のうち地球が吸収する割合が大きくなります．これは気温の変化を強める方向に働く正のフィードバックです（図3.1（c））．ただし，この仕組みが働くのは，雪氷と液体の水の両方があり得る温度範囲に限られます．なお，積雪のあった後の晴れた日に融雪がどのように進行するかを観察すると，1 m 程度の小スケールでこのフィードバックが働いていることがわかります．

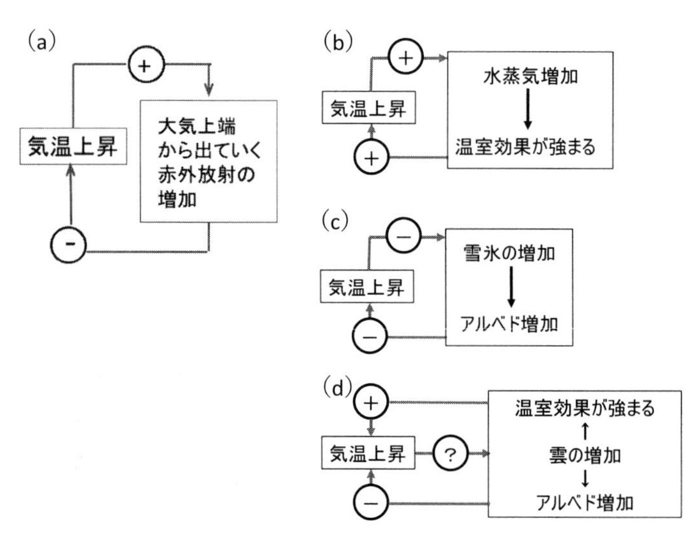

図3.1　(a) 地球放射，(b) 水蒸気，(c) 雪氷，(d) 雲のフィードバック
「+」は原因が図に示した向きの結果をもたらすこと，「−」は逆の結果をもたらすことを表す．「−」と「−」の連鎖は「+」に相当する．「?」は「+」にも「−」にもなり得ることを表す（増田・田辺 1994 を改変）．

雲は地表の大部分の物質よりもアルベドが大きいので，**雲量**（地表面積のうち雲に覆われた面積の割合）が増えることは，太陽放射吸収による地球のエネルギー収入を減らすように働くことが多いです．ただし地表面がアルベドの大きい雪氷に覆われている場合は逆になります．他方，雲は**赤外線**をよく吸収し射出するので，温室効果物質でもあります．つまり，雲量が増えることは地球放射収支による正味の地球のエネルギー収入を増やすように働きます．このどちらが勝るかは一概にはいえませんが（図 3.1（d）），衛星観測から季節変化や年々変動を分析した結果に基づけば，太陽放射を反射する効果のほうが定量的には大きいようです．

雲量　cloud amount

赤外線　infrared radiation

全球規模で気温が上昇すれば，雲の形で大気中にある水の質量は増加すると思われますが，面積比である雲量が増えるか減るかはまだ明らかではありません．仮に雲のおもな効果が太陽放射を反射することだとして，温度上昇とともに雲量が増えるとすれば，雲の効果は負のフィードバックとなりますが，雲量が減るとすれば正のフィードバックとなります．雲の種類別の割合が変わると，話はもっと複雑になり得ます．また，雲の特徴がエーロゾルの変化に伴って変わることもあり得ます．

気候システムに起こる変化を，理屈の側から考えるときには，そのある部分が他の部分と独立に少し変化したとして，その変化がいろいろなフィードバックによって，他に波及して全体の平均状態をどのように変えるに至るか，という議論ができます．

しかし，現実のシステムについては，勝手な変化を起こしてやることができません．いろいろな要因が同時に変化しており，どれが原因でどれが結果であると論証することはめったにできないのです．また，計算機の中でも，現実を詳しく近似するモデルの場合は，外から強制作用を与える方法が限られており，また強制作用がなくても内部で変化が起こるので，必ずしも因果関係を明確に示せるとは限りません．

気候システムを大局的にみると，エネルギーの出入りはほぼつりあっています．しかも，上に述べたように地球放射の基本的な負のフィードバックがあるので，このつりあい状態は普通安定です（負のフィードバックによって温度はつりあい状態に引き戻されます）．そこで，「気候システムはつねにこのつりあい状態にあるが，つりあいの位置がゆっくり変化することがあり得る」という考え方をすることがあります．温室効果気体濃度の変化に伴う気候の変化や，上で述べた図 3.1 などのフィードバック（ただし時間スケールが 1 年よりも長い部分だけに注目します）は，つりあい状態がずれるという形で理解されることが多いのです．

3.4　気候システムの過渡応答，海洋による遅れ

気候システムの温度は，エネルギーの**たまり**の量の変化とともに変化します．それはエネルギーの**流れ**の量の変化にすぐ追随するとは限らず，**遅れ**をもちます．

遅れ　delay

ここでは，0 次元ですが，定常を仮定しないモデルで考えてみましょう．便宜上，地表面の単位面積当たりで考えます．気候システムが単位面積当たりでもつエネルギー（単位 J/m^2）は，その温度 T（K）に比例するとします．比例定数 C（J/

熱容量　heat capacity

$(m^2\ K))$ は，気候システムの単位面積当たりの**熱容量**です．C は変化しないとしましょう．

ここに，単位面積・単位時間当たりのエネルギーの流れ F（単位 W/m^2）が入ってきたとしましょう．T はどのように変化するでしょうか？　その変化の仕方は，C の値によってどう違うでしょうか？

まず単純に，F がそのまま気候システムのエネルギーを増加させるとしましょう．

$$\frac{d(CT)}{dt}=F \tag{3.1}$$

F が同じならば，T の時間当たりの増加は，C が大きいほど小さく，C に反比例します．

気候の変化をもたらす原因の多くは，エネルギーの流れの量を変化させるものです．それがどのような温度の変化をもたらすかを考えるためには，温度が気候システムのどのような部分のエネルギーとともに変化するかを知る必要があります．

仮に，C を大気の熱容量だとしてみます．大気の単位面積当たりの質量はわかっていますから，それに**比熱容量**[2] をかければ単位面積当たりの熱容量が得られます（大気は蓋をされた容器の中の流体ではありませんので，比熱容量としては定圧比熱容量を使うのが適切でしょう）．そこに，20 世紀後半の数十年間の温室効果気体濃度増加に伴う放射の変化を入れてみます．温度の変化は，放射の変化に，1 年ぐらいの遅れで追随します．

比熱容量　specific heat capacity

[2]「比熱容量」は，単位質量当たりの熱容量，つまり，単位質量の物体を単位温度だけ上げるのに必要なエネルギーで，SI 単位は J／(kg K) です．「比熱」という言葉も比熱容量をさします．

ところが，C は気候システム全体の熱容量だという考えももっともらしいのです．その大部分は海洋の熱容量であり，深さ 3 km の水の層の熱容量で近似できます．この場合，温度の上がり方は，大気だけの場合よりも千倍ぐらい遅くなります．この気候システムは，千年ぐらいのエネルギーの流れの変化を累積したものに，千年ぐらいかけて追随するでしょう．

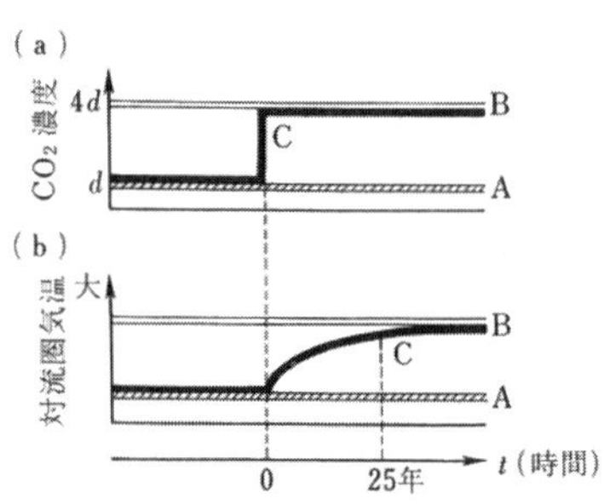

図 3.2　Spelman and Manabe (1984) の数値実験で与えた (a) CO_2 濃度の時間変化と (b) 得られた対流圏気温の時間変化の概念図（増田・田辺 1994）

現実の気候システムは，どのぐらいの時間スケールで応答するのでしょうか？

1980 年代に，三次元の，大気と海洋の両方の循環を含む気候モデルによるシミュレーションができるようになりました．温室効果（第 2 章），大気の大循環と水循環（第 4 章），地表面のエネルギー収支（第 5 章）に加えて，海洋の大循環も，現実に似た形で表現できるようになってきました．そこで，Spelman and Manabe (1984) は，理想化した条件での**数値実験**を行いました．ここではその考え方だけを紹介します（図 3.2）．

実験設定は以下の通りです．海陸分布は理想化していて南北対称であり，季節変化も省略しています．

数値実験　numerical experiment

標準実験　standard experiment

定常応答実験　steady-state response experiment

A：**標準実験**．現在の CO_2 濃度を与え，定常に落ち着いたところの状態をみます（この定常とは，天気の毎日の変化や年々変動はあるのですが，それをならした平均値は大きく変化しないという意味です）．

B：**定常応答実験**．現在の 4 倍の CO_2 濃度を与え，定常に落ち着いたところの状態をみます．A（標準実験）との差をCO_2濃度「変化」への「定常応答」と考えます．シグナルをみやすくするため，CO_2濃度2倍でなく4倍の場合で実験しました．これまでの放射対流平衡モデルや大循環モデルによる経験から，温度の定常応答はおおよそCO_2濃度の対数に比例することがわかっています．

C：ステップ型強制に対する**過渡応答実験**．A（標準実験）の気候が実現しているある時点で，突然CO_2濃度を4倍に変えて，時間発展型の計算を続けます．

過渡応答実験　transient response experiment

C（ステップ型強制に対する過渡応答実験）では，気温と，海面から深さ500 mぐらいまでの水温は，一緒にB（定常応答実験）の状態に近づいていきました．近づき方は指数関数で近似でき，約25年で定常状態の差の7割ぐらい（残りが3割ぐらい）まで近づきました．ところが，500 mぐらいよりも深いところの水温は，25年ぐらいではAの状態からほとんど変化しませんでした．

海の深さによる振る舞いの違いは，**海洋大循環**の構造から説明できます．海洋の循環は，深さは場所によって一様ではないのですが，大ざっぱにいえば500 mぐらいを境にして，性質が大きく異なります．表層の循環は，海面で風が及ぼす力が原動力となっており「**風成循環**」と呼ばれます．一方，深層の循環は，温度と塩分の不均一による密度の不均一によって駆動されており「**熱塩循環**」と呼ばれます（4.5節参照）．

海洋大循環　general circulation of the ocean

風成循環　wind-driven circulation

熱塩循環　thermohaline circulation

Spelman and Manabe（1984）の結果は次のように解釈できます．気候システムは，システム外から「大気中の二酸化炭素濃度が急に変わる」という強制作用を受けると，海洋の表層（風成循環の及ぶ部分）と大気とが相互に強く結びついて，数十年の時間スケールで応答します．海洋の深層はそれとほとんど切り離されて，千年の時間スケールで応答します．

数十年から数百年の気候の変化を，もし式（3.1）のような単純なモデルで近似するならば，Cとしては，海洋の表層（数百メートルの水の層）の熱容量をとるのが適切だといえます．ただし，Cが一定であるとは限らず，変化するかもしれません．Cが大きくなれば応答が遅くなり，Cが小さくなれば応答は速くなるでしょう．

現実の温室効果気体濃度の変化は，Spelman and Manabe（1984）の実験のように突然ではなく，徐々に起こっています．ここで起こる表層水温と気温の変化は，温室効果気体濃度に即時に応答する場合に比べて，数十年の遅れをもって起こります．ただし，この遅れは，時系列を一定の時間差だけずらすような形ではなく，時間についての積分を含む形になっています．〔増田耕一〕

文　献

増田耕一 2003．気候変化の要因．町田 洋・大場忠道・小野 昭ほか編著『第四紀学』83-88．朝倉書店．

増田耕一 2017．気候の変化の要因．小池一之・山下脩二・岩田修二ほか編『自然地理学事典』114-115．朝倉書店．

増田耕一・田辺清人 1994．温暖化．環境情報科学センター編『図説環境科学』96-101．朝倉書店．

Feulner, G. and Rahmstorf, S. 2010. On the effect of a new grand minimum of solar activity on the future climate on Earth. *Geophysical Research Letters* 37: L05707, DOI: 10.1029/

2010GL042710.
Flanner, M. G. 2009. Integrating anthropogenic heat flux with global climate models. *Geophysical Research Letters* 36: L02801, DOI: 10.1029/2008GL036465.
Gray, L. J., Beer, J., Geller, M. et al. 2010. Solar influence on climate. *Reviews of Geophysics* 48: RG4001, DOI: 10.1029/2009RG000282.
Spelman, M. J. and Manabe, S. 1984. Influence of oceanic heat transport upon the sensitivity of a model climate. *Journal of Geophysical Research Oceans* 89(C1): 571-586.

気候変動，気候変化，地球温暖化

気候の「変動」と「変化」を区別するかしないかは，人にもより文脈にもよります．区別にこだわる人もいますが，ここでは区別しないことにします．

エルニーニョ・南方振動（ENSO）をはじめとする天候年々変動のことを，英語では climate variation といい，日本語でも「気候変動」という人もいます．しかし，もし気候は 30 年程度の統計で表現できる現象だという立場に立つならば，これは一つの気候状態の内で起こるものごとであり，気候状態が変わるわけではありません．わたしはこれを「気候変動」に含めることはおすすめしません．

気候の変化には，原因が自然界にあるものと，人間活動にあるものがあります．原因が人間活動にあるものを，人為起源気候変化（anthropogenic climate change）ということがあります．

「地球温暖化」（global warming）ということばは，この人為起源気候変化，そのうちとくに温室効果気体の増加を原因とするものをさして使われています．気温の上昇だけでなく，地域によって違った乾湿の変化や，海面上昇など，さまざまな症状を含んでいます．

1992 年に結ばれた国連の気候変動枠組条約では，climate change ということばを，人為起源の温室効果気体濃度増大による気候の変化という意味で使っています．そして，その日本政府の公式文書での訳語が「気候変動」になってしまいました．日本語を読み書きする人は，「気候変動」ということばを見たら，この行政的意味なのか，原因を問わない自然科学的な意味なのか，考えなければならなくなりました．

（増田耕一）

4 大気と海洋の大循環

放射収支の緯度による違いによって，大気や海洋の大循環が生じます．それは低緯度で余ったエネルギーを高緯度に運んでいます．同時に水も運ばれています．

4.1 放射収支の緯度・季節分布 [1)]

第3章では**気候システム**の上側境界での**エネルギー収支**を0次元で考えましたが，ここでは**空間的不均一性**のうち南北一次元の不均一性を考慮してみましょう．

面積当たり，時間当たりで，ある面に到達または面を通過するエネルギー量を，**エネルギーフラックス密度**といいます．とくに気候に関して重要となるのは，地表面に平行な面に対するエネルギーフラックス密度です．図4.1の線（a）は，「**大気上端**」に入射する**太陽放射**のエネルギーフラックス密度を各緯度ですべての季節と経度について平均したものです．線(b）は，このうち地球が，雲を含む大気や海，陸など全体として，吸収する分です．地球全体で集計すると，入射する

[1)] 4.1節の内容は，増田(2003a）を再利用しました．

エネルギー収支　energy balance

空間的不均一性　spatial heterogeneity

エネルギーフラックス密度　energy flux density

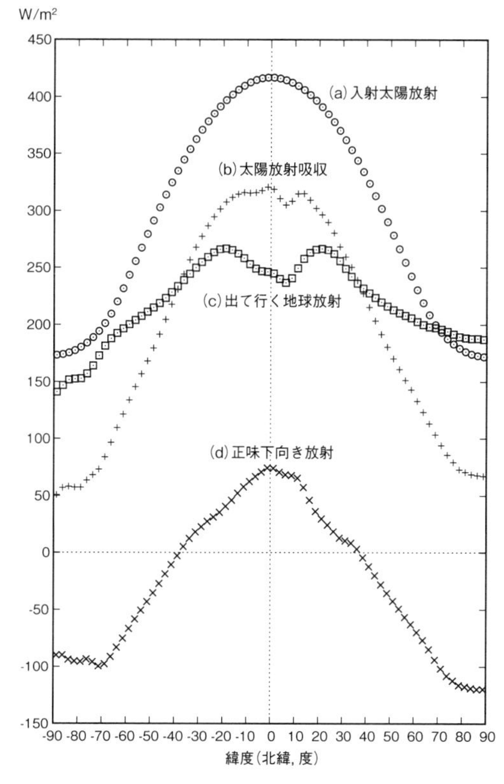

図4.1　年平均（1985年2月〜1989年1月）の放射収支の緯度分布（W/m^2）

(a)「大気上端」に入射する太陽放射（計算値）．

(b) 地球に吸収される太陽放射（ERBE衛星による観測値，ERBE: Earth Radiation Budget Experiment）．

(c) 地球が出す地球放射（(b)と同様）．

(d) 正味放射（(b) − (c)）．

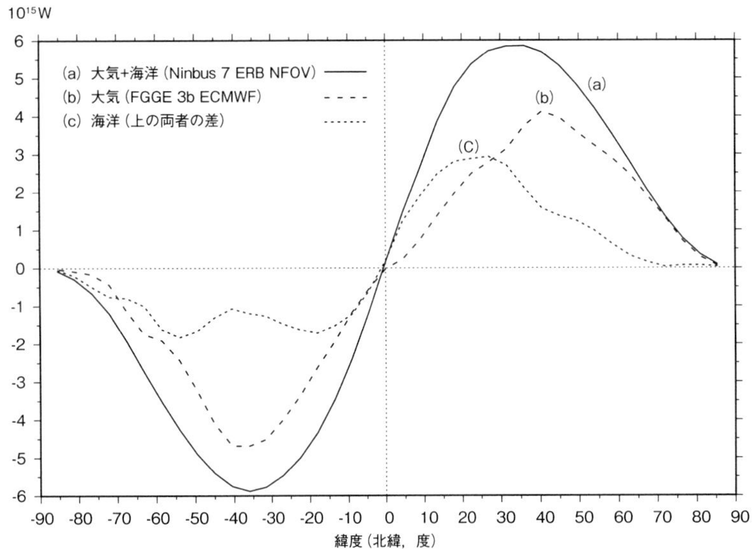

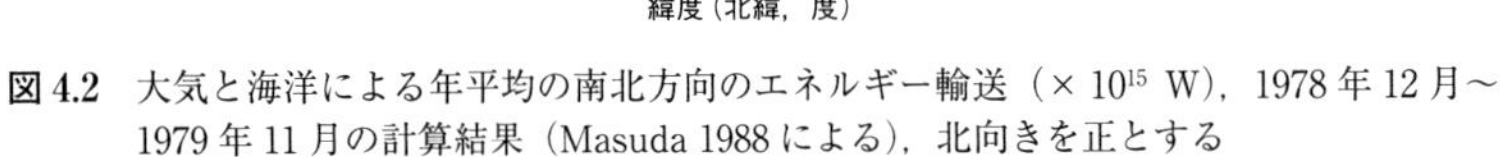

図 4.2　大気と海洋による年平均の南北方向のエネルギー輸送（× 10^{15} W），1978 年 12 月〜1979 年 11 月の計算結果（Masuda 1988 による），北向きを正とする

(a) 大気と海洋の合計（Nimbus 7 衛星 ERB データから計算．ERB は Earth Radiation Budget）．

(b) 大気（ヨーロッパ中期天気予報センターによる FGGE 3b 気象データから計算，FGGE は First GARP Global Experiment, GARP は Global Atmospheric Research Program）．

(c) 海洋（(a)と(b)の差）．

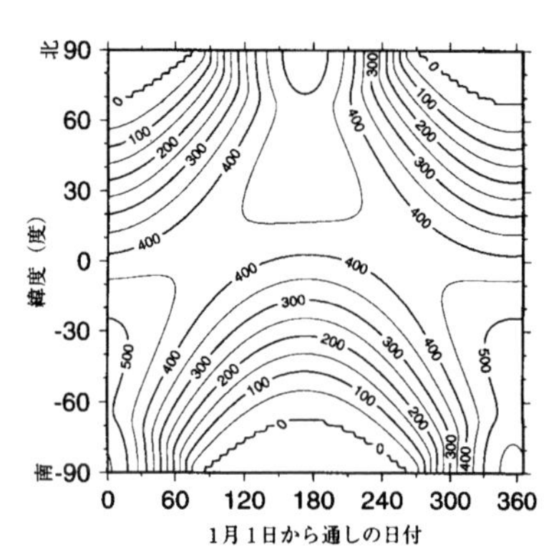

図 4.3　大気上端での太陽放射の緯度(縦)－季節(横)分布（W/m²）

Berger（1978）の計算式により，現在の地球軌道要素と「太陽定数」1370W/m² を入れて計算したもの．

太陽放射の 30% を反射し，70% を吸収しています．線（c）は，地球が出す**地球放射**のエネルギーフラックス密度です．(b）も（c）も，低緯度で大きく高緯度で小さい値を示しますが，その緯度間の違いは（b）のほうが（c）よりもずっと大きいです．つまり，低緯度では受け取る太陽放射のほうが出ていく地球放射より大きく，高緯度ではその逆になります．(b）と（c）の差を（d）として示します．各緯度帯の表面積をかけて（d）を平均するとほぼ 0 になります．

年々変動　interannual variability

気候には**年々変動**はありますが，近似として年平均のエネルギーは各緯度で**定常状態**にあるとみてよいです．したがって，図 4.1 中の（d）の過不足を補うように，大気と海洋の流体の移動によってエネルギーが高緯度側へ運ばれています．図 4.2 に各緯度線を通過する南北方向のエネルギーの輸送量を，北向きを正として示します．(a）が大気と海洋の合計，(b）が大気，(c）が海洋です．大気と海洋がエネルギー輸送に果たす役割は同程度であることがわかります．

鉛直・南北循環　vertical & meridional circulation

図 4.3 は，大気上端での日平均の太陽放射を，縦軸に緯度，横軸に季節をとって，等高線状に表示したものです．冬の極地方には太陽放射が達しないので値が 0 になっています．夏至頃（北半球では 172 日，南半球では 355 日頃）の高緯度地方は昼の長さが長いため，太陽高度（地平線からの角度）があまり高くないにもかかわらず，日平均のエネルギーフラックス密度は赤道付近よりかえって大きくなっています．これだけの事実と，南北の不均一性のうちで温度が高い場所では密度が小さいので上昇が起こるという対流の大まかな概念とから想像される**鉛直・南北循環**は，夏の半球で上昇し冬の半球で下降するような，季節によって逆転する形のものです．実際，成層圏・中間圏の循環はそうなっています．しかし，私たちが直接知っている対流圏の鉛直・南北循環は，季節によって多少場所や強さ

を変えるものの，基本的には低緯度（赤道付近）と高緯度との間の循環です．そのようになるおもな理由は，海の水が夏の間にエネルギーを貯えて冬に放出することにより，夏と冬の温度差を小さくする働きをしているためです．

4.2 大気の大循環と気候帯[2)]

大気は，同じ圧力のもとでは温度が高いほど密度が小さく，その関係は**理想気体の状態方程式**で十分よく近似されます．したがって，温度差があれば，温度の高い空気が上昇し，温度の低い空気が下降するような**対流**が生じると予想されます．とくに，対流圏における地球大気の年平均した温度の緯度分布をもとに考えると，赤道付近で上昇し，高緯度で下降するという運動と，それに伴って上層で赤道から離れ，下層で赤道に向かうような南北循環が生じると予想されます．

ところが，地球は自転していて，大気の運動つまり風は，回転する固体地球に相対的な運動であることを考慮する必要があります．海洋の水の運動についても同様です．回転する地球上で運動する物体の**運動方程式**には，**コリオリの力**というみかけの力が登場します（章末コラム参照）．これは，物体の，地球に相対的な速度に比例し，速度ベクトルと直交する方向に向かう力です．大気や海洋は地球全体に比べれば浅い層であるため，その運動に効いてくるのは，地球の自転角速度のうちの，天頂（頭の真上）方向の軸のまわりの回転の成分です．その大きさは緯度を ϕ とすると $\sin\phi$ に比例し，赤道上で 0，両極で絶対値が最大になります．

コリオリの力は，大気の運動の向きを変えるように働きます．その結果，対流圏上層の赤道から離れる方向の風は**西風**（西から東に向かう流れでもある）に，下層の赤道に向かう風は**東風**になります．ハドレー(Hadley)が1735年の論文で，熱帯の大部分の地上（海上）で吹いている**貿易風**と呼ばれる東風の原因を，このような仕組みによって説明しました．

現実の熱帯から亜熱帯にかけての循環を年平均値でみれば，赤道付近に上昇域，南北の緯度30°付近に下降域があって，その間では下層で貿易風が吹いています．また，対流圏の上部では，この範囲のうちの高緯度側，つまり下降域の上で強い西風が吹いています（図4.4）．このような循環を**ハドレー循環**と呼びます．ハドレー循環は，エネルギーを高緯度側へ，水蒸気を逆に低緯度側に運んでいます．

2) 4.2節の内容は，増田(2003b)を再利用しました．ただし，そこで使った「ロスビー循環」という用語は使わないことにしました．

理想気体の状態方程式 equation of state of ideal gas

運動方程式 equation of motion

コリオリの力 Coriolis force

西風 westerly wind

東風 easterly wind

貿易風 trade wind

ハドレー循環 Hadley circulation

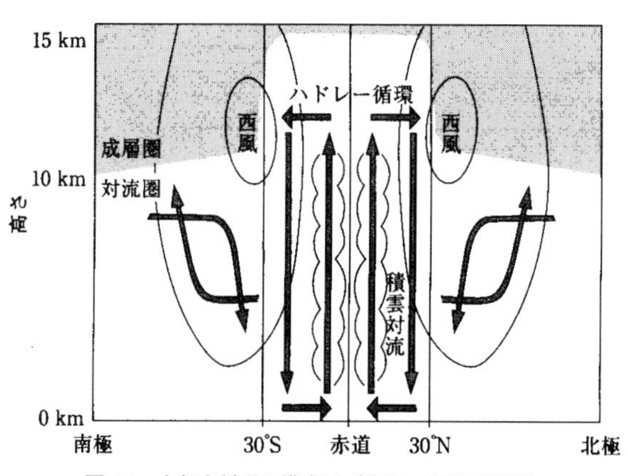

図4.4 大気大循環の模式図（緯度・高さの断面）

実は，大気がエネルギーを受け取るところと密度が小さくなるところは同じではありません．熱帯の地表面から大気に供給されるエネルギーはおもに水蒸気がもつエネルギーの形です．水蒸気が凝結するところで大気の温度が上がり，密度が小さくなります．凝結した水は雨として落ちます．このような水を含んだ大気の対流では，上昇域は比較的狭く，下降域は広くなります． 雲の集団を維持するのにコリオリの力が効くところのほうがよいことと，やはり地球の自転の影響を受けた**海面水温**の分布の結果として，現実の上昇域の中心は赤道から少しはずれて，夏半球の緯度5°～10°付近にあります．図4.4のように上昇域の中心がほぼ赤道に一致するのは，全季節平均した姿です．地上の天気図では，ハドレー循環の上昇域は**熱帯収束帯**，下降域は**亜熱帯高圧帯**と呼ばれるところにあたります．

海面水温　sea surface temperature

熱帯収束帯　ITCZ：Intertropical Convergence Zone

亜熱帯高圧帯　subtropical high-pressure zone

温帯低気圧　extratropical cyclone

中高緯度の大気も全体として高緯度向きにエネルギーを運んでいるのですが，その働きをする主役は時間平均した場で見える循環ではなく，**温帯低気圧**（4.4節参照），すなわち対流圏中層で見れば気圧の谷・峰です．温帯低気圧は，南北の温度差があって平均的には西風が吹いているところに発生し，10 m/s 程度の速度で西から東に移動します．これに伴う気圧の谷・峰の波長は数千 km です．これらが，低緯度側の暖かい空気と高緯度側の冷たい空気を，大まかにいえば水平に混ぜる働きをします．なお，温帯低気圧は対流圏の西風を維持する働きもしています．

回転水槽　rotating annulus

回転水槽を使った室内実験では，（地球の南北にあたる）円筒型の水槽の外側と内側との温度差を一定とした場合，回転速度が小さいときは，西風に相当する同心円状の渦とともに，高温側の上昇と低温側の下降を伴うハドレー型の循環が生じますが，回転速度がある程度以上大きくなると，渦は同心円からずれて温帯の西風と同様に波打った形になります．地球大気でも，コリオリの力の弱い熱帯でハドレー循環が生じ，コリオリの力が強い中高緯度で温帯低気圧が主役となった循環が生じています．

ハドレー循環が支配する緯度範囲は，季節とともに多少移動します．そのため，両半球の緯度およそ30°～45°の範囲（日本の大部分を含む）は，夏はハドレー循環の下降域つまり亜熱帯高気圧に覆われ，冬は温帯低気圧が通過する偏西風域

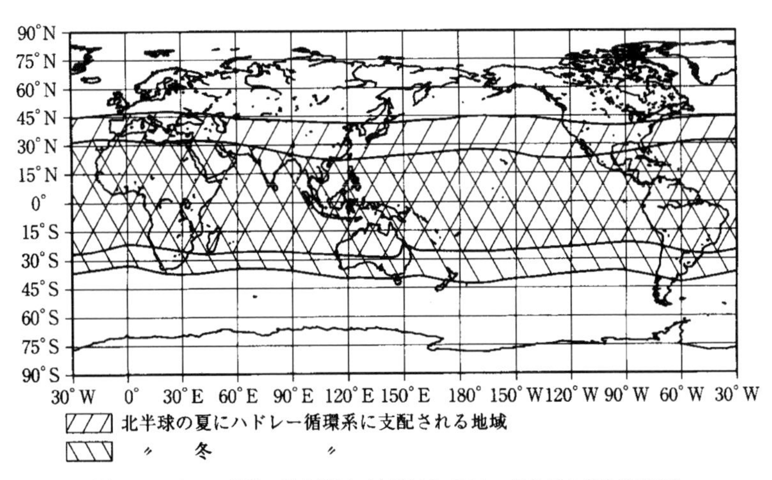

図4.5　ハドレー循環の勢力範囲（中村ほか 1996 の気候区分図を簡略化）

となります．これより低緯度側はつねにハドレー循環に支配され，高緯度側は温帯低気圧に支配されるとみてよいです．図 4.5 には，ハドレー循環が支配する領域の季節変化を示します．ただし，両者の境界を精密に決めることはできないので，これを気候区分と呼ぶのはあまり適切でないかもしれません．

なお，現実の中高緯度大気，とくに北半球の冬には，移動する気圧の谷・峰に重なって，定常的な波長 1 万 km 以上の気圧の谷・峰もあります．これは，海からの熱源の効果と山岳の力学的効果によるものと考えられています．

本節の記述については，松野（1982），浅井ほか（2000），小倉（1999）が参考になります．大気のエネルギー輸送について，詳しくは Peixoto & Oort（1992），Hartmann（2016）を参照することをおすすめします．

4.3 水収支の南北分布と大気の大循環との関係

水収支とは，ある地域（**河川流域**をとる場合が多いです）とその上の**気柱**（図 4.6）に，単位時間当たりに出入りする水の質量を数えることです．

水収支 water balance
河川流域 drainage basin
気柱 atmospheric column

図 4.6 中の記号は，水の質量のたまりの項と流れの項に分けられます．ここでは地表面の単位面積当たりで考えます．たまりの項には W と S があり，単位は $\mathrm{kg/m^2}$ または mm（液体の水の標準の密度を仮定）です．W は大気中で鉛直積算した単位面積当たりの水蒸気量です．慣用として**可降水量**といわれますが，「降水になり得る量」と解釈してはいけません．S は**陸水貯留量**であり，地表水（湖・河川など），土壌水，地下水，積雪を含みます．

可降水量 precipitable water
陸水貯留量 terrestrial water storage

流れの項には C，P，E，R があります．単位は $\mathrm{kg/(m^2 \cdot s)}$，または mm/s です（普通は mm/日，mm/年などが使われます）．C は，仮想的に考えた気柱の壁を抜けて出入りする水蒸気の質量の流れを，入るほうを正として，大気全層について集計し，気柱の断面の単位面積当たり，単位時間当たりにしたものであり，**水蒸気収束量**と呼ぶことにします．P は降水，E は蒸発，R は陸では流出，海では海面から下の全層について集計した水[4] の質量の流れ（水平二次元ベクトル）の**発散**にあたるものです．

水蒸気収束量 vapor flux convergence
発散 divergence

ここでは，水収支各項の緯度に対する分布を海陸別にみます（図 4.7）．準定常状態なので，$P - E = C = R$ と考えてよいです．

降水量 precipitation

降水量は，赤道付近（ハドレー循環の上昇域）に極大，中緯度（温帯低気圧の出現しやすいところ）にそれに次ぐ極大があり，亜熱帯（ハドレー循環の下降域）は相対的な極小になっています．

[4] 詳しくいうと，この「水」は海水を塩と水との 2 成分混合物とみなしたときの「水」です．これを英語文献では freshwater といい，日本語でも「淡水」あるいは「真水」（まみず）ということがありますが，日常用語に現れた場合のように塩分の低い天然の水をさすのではなく，仮想的に考えた純粋な水をさします．水収支の実際の計算では，塩の占める質量は誤差よりも小さいことが多いので，単純に「水」としてもよいでしょう．

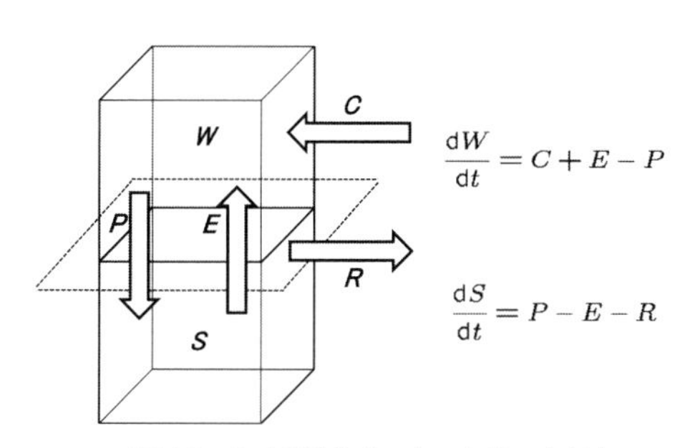

$$\frac{dW}{dt} = C + E - P$$

$$\frac{dS}{dt} = P - E - R$$

図 4.6 ある地域とその上の気柱の水収支
W：可降水量，S：陸水貯留量，P：降水量，E：蒸発量，C：水蒸気収束量，R：流出量．

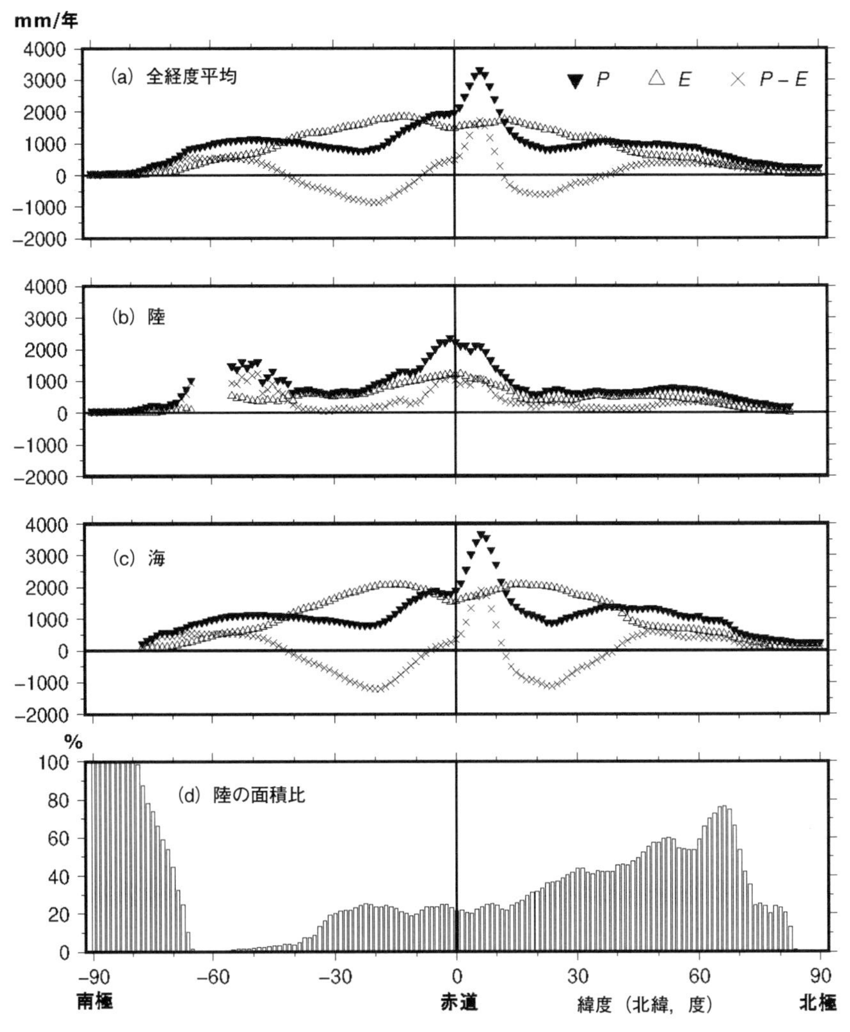

図4.7　(a) 各緯度で全経度平均した降水量 P，蒸発量 E とその差 $P-E$ の南北分布と，それを (b) 陸と (c) 海に分けたもの
日本の気象庁による再解析 JRA-55 (Kobayashi et al. 2015) による 1981～2010 年の平均値．参考として (d) 地表面積のうち陸の割合も示す．

蒸発量　evaporation

蒸発量は，大きくみれば低緯度ほど大きいです．低緯度ほど温度が高いので空気の質量当たりの水蒸気量が多く，乱流（小規模な大気の流れ）の強さが同じ程度であっても水蒸気の鉛直方向の輸送量が多くなることで説明できるでしょう．しかし，亜熱帯の状況が陸と海とで大きく異なります．陸では，蒸発量は降水量にほぼ等しく，河川流出がわずかしかありません．土壌が乾燥していて，蒸発量は降水による水の供給に制約されているのです．海では水が十分あるので，蒸発量は大きくなります．さらに，亜熱帯のほうが赤道付近よりも蒸発量が大きくなります．これは，雲量（雲に覆われた面積比）が少なくて海面に達する太陽放射が多いことと，海面をほぼつねに東風（貿易風）が吹いており，赤道付近よりも平均的に風が強いので，乱流も強くなることによります．

大気中の水蒸気の水平輸送は，亜熱帯の海上から赤道付近と温帯の両方に向かっています．したがって，水蒸気収束量は亜熱帯の海上で負，赤道付近と温帯で正となります.

4.4 温帯低気圧と熱帯低気圧

「**高気圧**」「**低気圧**」は気圧の値の大小ではなく，大気中に現われた構造をさす用語です．水平二次元的構造をさす場合と，三次元的構造をさす場合があります.

水平二次元的なとらえ方では，高さ一定の平面のうちで，気圧がまわりよりも高いところを「高気圧」，低いところを「低気圧」といいます．地図上に気圧の等値線（**等圧線**）を引けば，等値線が閉じた曲線になるところは高気圧か低気圧かのどちらかになります[5].

「低気圧」という言葉は，地上でみれば水平二次元的な意味での低気圧になるような，対流圏全層にわたる三次元的な構造をさすことが多いです（上空で水平2次元的に見たときは低気圧とは限りません)．2種類の代表的な構造が「**熱帯低気圧**」[6]，「温帯低気圧」と名づけられています.

熱帯低気圧は，地上天気図では等圧線が同心円状になっていて，中心部に強い上昇流があり，そのまわりに積乱雲が分布します．**対流圏界面**（対流圏の上端，熱帯では高さ約15 km）付近では，地上の低気圧の中心付近を中心とした高気圧になっています．**台風**[6] は熱帯低気圧のうち北西太平洋で発生して，強さが一定の基準（地上風速が約17 m/s以上）に達したものをいいます.

温帯低気圧は，**南北温度勾配**のあるところにできます．地上では，閉じた等圧線をもつ低気圧になります．ただし，単純な同心円状ではなく，「**前線**」と呼ばれる，温度勾配がとくに強くなった領域をもちます．対流圏中層の水平二次元でみると，気圧は低緯度で高く高緯度で低くて，その気圧傾度力とコリオリの力がつりあうような西風（**偏西風**）が吹いている基本場があります．その西風が波打って，低緯度側にずれるところは気圧が低めになるので**気圧の谷**，高緯度側にずれるところは気圧が高めになるので**気圧の峰**と呼ばれます．地上の低気圧は上空の気圧の谷に対応しており，上空の気圧の谷のほうがいくらか西側にあります.

温帯低気圧は中緯度の大気大循環の主役です．他方，熱帯の大気大循環の主役はハドレー循環であり，熱帯低気圧はそれほど重要なものではありません.

4.5 海洋の大循環[7]

海洋のエネルギーの出入りのほとんどは海面で起こります．その内わけは第5章で説明します．また，海面上の風によって海水が押し引きされること（**風の応力**）は，エネルギー収支にとっては小さい項ですが，海水の運動にとっては重要です.

海洋は，大きく**表層**と**深層**に分けられます．境界は明確ではありませんが，約500 mを目安とします.

我々になじみの深い黒潮などの表層の海流は，基本的に風の応力を原因とする**風成循環**です．亜熱帯を中心とする海域を考えると，大気下層では低緯度側で東風（貿易風)，高緯度側で西風（偏西風）が吹いています．海面近くの海水が風によって引きずられるとき，同時に地球の自転の効果が効くので，正味の水の移

高気圧 anticyclone

等圧線 isobar

[5] 上空の気象を地図上に表現する**高層天気図**（upper-air weather chart）は，気圧が一定となる面（**等圧面**，isobaric surface）について作図され，その面の高さ（**等圧面高度**，height of isobaric surface）の等値線（等高度線）を引きます．水平方向にみわたして，まわりよりも等圧面高度が高いところは，その気圧面に近い水平面（高さ一定の面）でみれば，まわりよりも気圧が高いところにあたるので，「高気圧」と呼ぶことができます．「低気圧」も同様です．よく使われる等圧面には，850 hPa（対流圏下層の代表)，500 hPa（対流圏中層の代表)，200 hPa（対流圏上層の代表）などがあります.

熱帯低気圧，台風 tropical cyclone, tropical storm, typhoon（注6参照）

[6] 英語の tropical cyclone および typhoon という語は，熱帯低気圧のうちでもとくに強いもの（地上風速が約34 m/s以上）に限って使われます．それほど強くないものをさす表現としては tropical storm があります.

対流圏界面 tropopause

南北温度勾配 meridional temperature gradient

前線 front

偏西風 westerlies

気圧の谷 trough

気圧の峰 ridge

[7] 4.5節の内容は，増田（2003c）を再利用しました.

風の応力 wind stress

表層 upper ocean

深層 deep ocean

動は，東風域では高緯度側へ，西風域では低緯度側へ向かいます．この結果，亜熱帯には海水が集まることになり，ここの圧力が高くなります．この圧力の高まりと，高緯度側の温帯で東に向かう流れ，低緯度側の熱帯で西に向かう流れとの組み合わせは，圧力の差による力とコリオリの力がつりあって，持続することができます．北太平洋や北大西洋のように海に両岸があると，海の西側で高緯度へ向かう流れ，東側で低緯度へ向かう流れもできて，亜熱帯を中心とする水平循環（**亜熱帯循環**）ができます．北半球の場合は上からみて時計回り，南半球ならば反時計回りです．さらに，コリオリ効果の緯度による違いを考えると，高緯度へ向かう流れは，北太平洋の**黒潮**や北大西洋の**メキシコ湾流**[8]のように海の西側の境界近くに集中し，低緯度へ向かう流れは海全体に広く分布します．

同様に，偏西風の極大域よりも高緯度側の亜寒帯では，北半球の場合反時計回りの循環（**亜寒帯循環**）ができますが，この場合も海の西側の境界近くに強い海流（北太平洋の**親潮**など）ができます．亜熱帯循環も亜寒帯循環もほぼ水平に暖かい低緯度の水と冷たい高緯度の水を交換するので，結果としては，低緯度から高緯度へエネルギーを運ぶことになります．ただし，海流にとっての壁となる陸がない場合（現在の南半球中緯度など）には，風成循環は効果的にエネルギーを高緯度へ運ぶことができません．

一方，海洋の質量の大部分を占める深層の循環は，海水の密度の違いによって起こる大規模な対流です．海水の密度は温度と塩分の両方によって決まります．そのため，深層循環を**熱塩循環**ともいいます．海水は温度が低いほど[9]，また塩分が高いほど密度が大きいです．塩分は主として（塩の出入りではなく）水の出入り，つまり海面での蒸発，降水，陸からの淡水の供給のバランスで決まっていますが，海氷ができる海域では，氷には塩分が取り込まれにくいため，塩分の濃い水が残されるというプロセスもあります．

1970年代に，深海の温度，塩分，溶存酸素，それに**放射性炭素**（^{14}C）やトリチウム（^{3}H）などの南北鉛直断面の分布が調査されました．その結果，世界の海洋の深層水の大部分は，北大西洋の高緯度（緯度60°～70°付近）の表層で沈んだ水であることがわかりました．^{14}C年代の分布から，北太平洋中央部の深層の水は，北大西洋の高緯度で沈んだ水が南大洋を回って，約2000年かかってやってきたものだと推定されました．ただし，南極大陸近くのウェッデル海でも沈みこみが起きており，北大西洋起源の深層水よりも下に位置する**底層水**を形成しています．

このように，深層循環での水の移動には1000年の規模の時間がかかります．表層の風成循環の時間スケールが10年程度であるのとは大きく違っています．また，北大西洋起源の深層水は，表層を通って北大西洋高緯度に帰ってくると考えられています．北大西洋の中央部の表層を北緯45°付近からさらに北に流れる海流は**北大西洋海流**です[10]．これは風成循環では説明しがたく，熱塩循環で説明されます．表層の循環は風成循環が主なのですが，熱塩循環も部分的にかかわっているのです．

〔増田耕一〕

亜熱帯循環　subtropical gyre
黒潮　Kuroshio Current
メキシコ湾流　Gulf Stream

[8] 海洋学の学術用語としては，北大西洋の西側を北アメリカの東海岸に沿って北上する海流を**フロリダ海流**（Florida Current），岸を離れて東に進む海流を**湾流**（Gulf Stream）といいます．前者が北太平洋の「黒潮」，後者が「黒潮続流」に対応する位置にあります．ここでは日本語の地理学用語として「フロリダ海流」と「湾流」を含む対象をさして「メキシコ湾流」を使うのがよいと判断しました．

亜寒帯循環　subpolar gyre
親潮　Oyashio Current

[9] 多くの物質は，「熱膨張」として知られるように，温度が高くなるほど密度が小さくなります．ところが水は，4℃と凝固点（0℃）との間ではこの関係が逆転して，温度が低いほど密度が小さくなります（水のこの特性は，淡水湖で対流が起きる条件にも効いてきます）．しかし，30～40 g/kgの塩分をもつ海水では，このような逆転はなく，温度が高いほど密度が小さいのです．ただし，海水の凝固点（約-2℃）に近い温度では，密度の温度依存性は小さくなり，おもに塩分が密度を決めます．

放射性炭素　radiocarbon
底層水　bottom water

北大西洋海流（North Atlantic Current）

[10] 非専門的文献でこれも「メキシコ湾流」に含めることが多くみられますが，筆者は，これは区別すべきだと考えます．

文 献

浅井冨雄・松野太郎・新田 尚 2000.『基礎気象学』朝倉書店.

小倉義光 1999.『一般気象学 第二版』東京大学出版会.

中村和郎・木村龍治・内嶋善兵衛 1996（初版は 1986).『日本の気候 新版』岩波書店.

増田耕一 2003a. 放射収支の緯度・季節分布. 町田 洋・大場忠道・小野 昭ほか編著『第四紀学』77-78. 朝倉書店.

増田耕一 2003b. 大気の大循環と気候帯. 町田 洋・大場忠道・小野 昭ほか編著『第四紀学』78-80. 朝倉書店.

増田耕一 2003c. 海洋の大循環. 町田 洋・大場忠道・小野 昭ほか編著『第四紀学』80-81. 朝倉書店.

松野太郎 1982. 大気の大循環. 高橋浩一郎・山下 洋・土屋 清ほか編『衛星でみる日本の気象』120-132. 岩波書店.

Berger, A. L. 1978. Long-term variations of daily insolation and Quaternary climate changes. *Journal of the Atmospheric Sciences* 35 : 2362-2367.

Hartmann, D. L. 2016. Global physical climatology, second edition. Amsterdam: Elsevier.

Kobayashi, S., Ota, Y., Harada, Y. et al. 2015. The JRA-55 reanalysis: General specifications and basic characteristics. Journal of the Meteorological Society of Japan 93: 5-48.

Masuda, K. 1988. Meridional heat transport by the atmosphere and the ocean: Analysis of FGGE data. Tellus 40A: 285-302.

Peixoto J. P. and Oort, A. H. 1992. Physics of climate. New York: Springer-Verlag.

コラム　遠心力とコリオリの力

力学の運動方程式は回転していない座標系で成り立つものですが，大気や海洋の運動を扱うときは，地球とともに回転する緯度・経度・高さの座標系を使うので，運動方程式がそのままでは成り立たなくなります．みかけの力を追加することによって，回転する座標系でも運動方程式が成り立つようにします．ここで導入されるみかけの力の第1が遠心力です．遠心力は，すべての物体にその質量に比例して働くので，大気や海洋を扱う際は，地球の重力に含めてしまうことによって，直接扱わないですませています．みかけの力の第2がコリオリ（Coriolis）の力と呼ばれ，回転する座標系のもとで速度をもつ物体にその質量と速度に比例して働きます．ただしその向きは速度と直角になるので物体に仕事をすることはありません．地球の大気や海洋の運動に対してコリオリの力が重要になるのは，地球の自転周期（約1日）よりも長い時間スケールの現象についてです．それは，1.6節で述べたように，空間スケールの大きな現象でもあり，1.4～1.5節で述べたように，地球の大気や海洋は浅い層なので，その運動の速度は水平2成分が鉛直成分に比べて大きくなります．速度の水平成分に効くコリオリの力は，地球の自転のうち，各地点での天頂（頭の真上）方向の軸のまわりの回転によるものです．

（増田耕一）

5 地表面のエネルギー収支と海陸分布がもたらす気候の特徴

大気と水の循環を学ぶためには，地表面のエネルギー収支について理解することが重要です．海と陸とでは地表面のエネルギー収支の季節変化の様子が異なります．海と陸は，熱容量，水の供給能力，地形の凹凸を通じて，グローバルな気候に影響を与えています．

5.1 地表面のエネルギー収支の重要性

地表面は，大気と陸との境界である**地面**と，大気と海洋の境界である**海面**を合わせてさす表現です．**エネルギー収支**は**熱収支**と表現されることが多いですが，ここでは，エネルギー保存則の応用であることを明確にするために，この表現にしておきます．

地表面 surface of the Earth
地面 land surface
海面 sea surface
熱収支 heat balance

大気は電磁波を（波長によって透過率はさまざまですが）通すのに対して，陸や海洋は電磁波をほとんど通さないので，地表面で，エネルギーの流れの種類の変換が起こります．この意味で，気候システム自体の仕組みを考えるうえでも，地表面のエネルギー収支は重要です．また，地表面のエネルギー収支を構成する項の1つは，陸や海から水が蒸発するのに伴ってエネルギーが大気に移ることです．この項を通じて，エネルギー収支と水収支は密接に結びついています．

第8章で陸上生態系に対する制約条件としての気候を考えるうえでも，また，人の健康に影響を与える要因としての気候を考えるうえでも，地表面のエネルギー収支の概念がよく応用されます．そして，地表面のエネルギー収支に関する概念は，水平スケールが数メートルぐらいから全地球規模まで，基本的に変わらず通用します．したがって，大気と水の循環について学ぶならば，地表面のエネルギー収支は，必ずおさえておくべき主題だと，筆者は考えています．

この主題の総合的な教科書としては，かつてはSellers (1965) とブディコ (1973) があげられましたが，情報が古くなりました．それにかわるものが書かれることを期待したいです．エネルギー収支項と観測可能な地上気象要素との関係については，近藤（1994，2000）が有用です．

5.2 地表面のエネルギー収支の考え方

自然科学で収支解析が有効なのは，多くの場合，**質量保存**やエネルギー保存の法則が応用できるときです．ここで，質量やエネルギーについて，次のような式(5.1) が成り立ちます．

$$\frac{d\,(\text{たまりの量})}{dt} = \text{収入} - \text{支出} \tag{5.1}$$

ここで「たまりの量」を「貯留量」と書こうとしたのですが，「d(たまりの量)/dt」を「貯留量」という人もいますので，別の表現にしました．式（5.1）は，定常状態では次の式（5.2）のように「収支がつりあった」状態になります．

$$0 = \text{収入} - \text{支出} \tag{5.2}$$

まず，地表面からある深さまでの陸または海の層についてのエネルギー収支を考えることにします．この場合，普通，単位面積当たりで考えます．たまりの量の次元は面積当たりのエネルギー，流れの量の次元は面積当たり・単位時間当たりのエネルギー，つまり**エネルギーフラックス密度**になります．気象などの分野では，「フラックス密度」を「**フラックス**」といってしまうことが多く，本書でもそうすることがあります．

フラックス　flux

ここでは，層の深さを仮に z_L としておきます．実際には，上側に比べて下側のエネルギーのやりとりが無視できる層をとることが多いです．その厚さは議論の対象とする時間スケールによって異なります．季節変化ならば，陸では数メートル，海では 100 m くらいをとればよいでしょう．

この層にたまっている単位面積当たりのエネルギーの量を仮に S としておきます．層の上側（地表面）でのやりとりは，**正味放射** R_{net}（慣例では下向きが正），**顕熱フラックス** H（上向きが正），**潜熱フラックス** LE（上向きが正）からなります．層の下側（深さ z_L）でのやりとりは，陸では熱伝導，海では対流（ただし，ここでの「対流」は熱伝達論的な広い意味）です．**地表面から下の熱フラックス**は上向き・下向きいずれもあり得ますが，ここでは下向きを正として $G(z_L)$ とします．

正味放射　net radiation
顕熱フラックス　latent heat flux
潜熱フラックス　sensible heat flux
地表面から下の熱フラックス　subsurface heat flux

顕熱フラックスは，乱流（cm から km にわたるさまざまな空間スケールの空気の運動）による，空気の温度にともなう内部エネルギーの輸送です．海や陸の表面とそれに接した空気とのあいだで高温側から低温側への熱伝導が起こるとともに，表面に接する空気が入れかわり，**乱流**で運ばれます．もし表面のほうが高温ならば，顕熱フラックスは表面から離れる向きになります．表面のほうが低温ならば逆向きになります．

乱流　turbulence

潜熱フラックスとは，乱流による，水蒸気にともなう内部エネルギーの輸送です．水蒸気は同じ質量の液体の水よりも大きなエネルギーを持っているので，海や陸からの水の蒸発は，大気へのエネルギーの移動を伴います．L は水の単位質量当たりの蒸発の潜熱（相変化のエンタルピー）であり，定数 2.5×10^6 J/kg としてよいです．E は蒸発の質量フラックス密度です．普通「蒸発量」というのは，この E を液体の水の体積フラックス密度に直したものです．

ここで，「層」という表現をしましたが，単位面積の箱の側面のエネルギーのやりとりは，陸では無視できますが，海では無視できないことがあります．水平のエネルギー輸送が二次元ベクトルの意味で収束していれば収入，発散していれば支出となります．発散のほうを正として $\mathrm{div}\ \mathrm{F_L}$ としておきます（収束していればこの値が負になります）．すると，この層のエネルギー収支式は次の式（5.3）のようになります．

$$\frac{dS}{dt} = R_{\mathrm{net}} - H - LE - G(z_L) - \mathrm{div}\ \mathrm{F_L} \tag{5.3}$$

正味放射 R_{net} とは，式（5.4）の右辺の4つの項を，下向きを正として合計したものです．

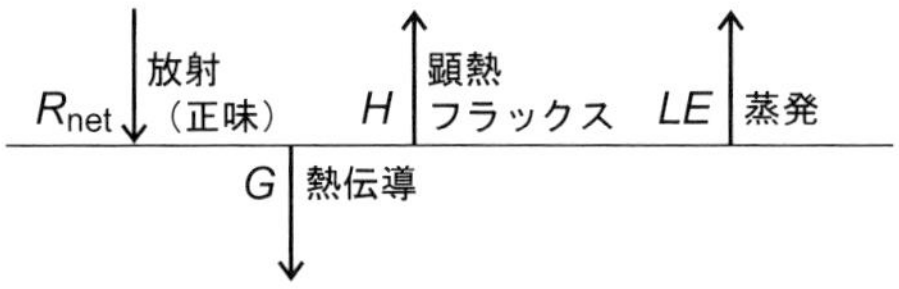

図 5.1 地表面のエネルギー収支の模式図（G は陸の場合を想定した）

$$R_{net} = R_S \downarrow - R_S \uparrow + R_L \downarrow - R_L \uparrow \tag{5.4}$$

ここで，添え字の S は**短波放射**（太陽放射のこと），L は**長波放射**（地球放射のこと）の波長帯を，それぞれ示します．また，↓は下向き（大気から陸・海へ），↑は上向き（陸・海から大気へ）を，それぞれ示します．

短波放射 shortwave radiation
長波放射 longwave radiation

本当に地表面での収支式が必要な場合には，「層」の厚さ z_L を無限小にした極限を考えればよいのです．無限に薄い層ではエネルギーを貯える量も水平に運ぶ量も無限に小さくなりますので，dS/dt と div $\mathbf{F}_L$ は 0 とみなしてよく，収支式は次の式（5.5）のようになります．

$$0 = R_{net} - H - LE - G(0) \tag{5.5}$$

上のように，層からの極限として考えたほうが筆者にはわかりやすいのですが，「エネルギー保存」から直観的に「任意の面の両側でフラックスは連続でなければならない」と考えられる人は，地表面の上側と下側で鉛直エネルギーフラックスが等しいことから，次の式（5.6）を導いたほうがわかりやすいでしょう．ここでは，地表面での $G(0)$ の値を単に G と書くことにします．この 4 つの項からなるつりあいの模式図を図 5.1 として示します．

$$R_{net} - H - LE = G \tag{5.6}$$

地表面のエネルギー収支は，次の式（5.7）のような形に書かれることが多いです．これは，正味放射 R_{net} が与えられ，それが H，LE，G に分配されるというとらえ方を反映していると思われます．

$$R_{net} = H + LE + G \tag{5.7}$$

5.3 地表面エネルギー収支各項とそれに関連する気象変数

地表面エネルギー収支の各項は，気温，湿度，風速などの気象変数と，陸面・水面の量との組み合わせによって決まっています．気象変数の値が与えられたとき，エネルギー収支各項の値を求める手順のあらすじを述べる形で説明してみましょう．なお，本節中で以下に出てくる用語のうち陸面・水面に関する量[1]は，気象変数に比べて変化しにくいと考えられます．

[1] 具体的には，地表面の粗度，陸面湿潤度，地表面のアルベド，地表面の射出率（本文に出てくる順）がこれに該当します．

H は顕熱フラックスであり，上向きを正とします．これは地表面温度と地上気温との差 $T_S - T_A$ に比例します．慣例では地上気温として地上高さ（海抜ではない）2 m での気温を使います．

ここで，$T_S - T_A$ に乗じる比例係数には次の特徴があります．

成層　stratification

①地表に近い大気の**成層**が不安定ならば比例係数は大きく，安定ならば小さくなります．すなわち，$T_S - T_A$ が正ならば比例係数は大きく，負ならば小さくなります．

地表面の粗度　surface roughness

②**地表面の粗度**が大きいほど，比例係数は大きくなります．粗度には学術用語としての定義がありますが，ここでは省略します．

地上風速　surface wind

③**地上風速**（水平二次元ベクトルの絶対値）が大きいほど，比例係数は大きくなります．慣例では地上風速として地上高さ10 m の10分平均風速を使います．なお，上空の風速が同じならば，地表面の粗度が大きいほど地上風速は小さくなります．

LE は潜熱フラックスであり，上向きを正とします．この値は，ほぼつねに正です．

比湿　specific humidity

飽和比湿　saturation specific humidity

エネルギー収支や水収支を考える文脈では，大気中の水蒸気量を表すのに**比湿**という量を使うのが普通です．これは，空気（水蒸気をも含む）の質量のうちの水蒸気の割合です．記号は q が使われます．無次元量で，たとえば0.025のような値をとりますが，25 g/kg のような表現がよく使われます．空気のもつ比湿は，気温と気圧とで決まる**飽和比湿**と0との間の値をとります．

水面の場合，潜熱フラックスは，地表面温度での飽和比湿と地上の空気の比湿との差（$q_{sat}(T_S) - q_A$）に比例します．慣例では地上比湿として地上高さ（海抜ではない）2 m での比湿を使います．比例係数は顕熱フラックスの場合と同様に，地表に近い大気の成層，地表面の粗度，地上風速に依存します．

陸面の潜熱フラックスの推定にはさまざまな定式化が考えられていますが，その1つは，水面と同様の式で計算された LE に陸面湿潤度を乗じた形です．陸面湿潤度という用語は学術用語として定められたものではありませんが，その値は0（完全に乾いた地面）と1（完全に湿った地面）の間をとります．もっと詳しく考えると，植生のある陸面からの蒸発は，植物体に遮断された降水の蒸発，植物の葉の気孔からの蒸散，土壌からの蒸発に分けて扱う必要があります．その話は第7章と第9章に出てきます．

G は地表面の下側のエネルギーフラックスであり，下向きを正とします．陸面の場合は熱伝導で，地表面温度と適当な深さの地温の差（$T_S - T_G$）に比例します．ただし，地温の慣例は定まっていません．なお，水面の場合の G はエネルギー収支の結果決まると考えられます．

$R_S\downarrow$（下向き短波放射）は大気の側で決まる量です．その場の大気上端に入射する太陽放射に0と1の間の係数が乗じると考えてよいです．係数は，大気による散乱（のうち結果として反射になるもの）と吸収が大きいほど小さくなります．とくに，雲の影響を受けます．

$R_S\uparrow$ は上向き短波放射であり，$R_S\uparrow = \alpha_S R_S\downarrow$ と書けます．α_S は**地表面のアルベド**であり，その場の地表面状態（とくに雪氷の有無）によって違った値をとります．アルベドは太陽放射反射率であり，第2章に出てきた惑星アルベド α_P とは共通の概念ですが，ここでは気候システム全体ではなく地表面について考えます．

$R_L\downarrow$（下向き長波放射）は大気の側で決まる量です．雲があれば雲底温度の黒体放射に近いものになります．もし，大気が1つの薄い層に集中していれば，「大気層の**射出率**」ε_A という量を導入して $R_L\downarrow = \varepsilon_A \sigma_B T_A^4$ のように書けるでしょうが（σ_B: シュテファン・ボルツマン定数，T_A: 大気層の温度），実際はそうではありません．これは，大気の射出率が波長によって大きく異なるからです．その結果，地表に達する射出がおもにどの高さから出たものかも波長によって異なります．水蒸気や二酸化炭素による吸収の多い波長域では，地表に達する放射は地上すぐ上の空気から出たものです．一方，これらによる吸収の少ない波長帯では，もっと高いところの空気から出たものになります．

$R_L\uparrow$ は上向き長波放射であり，$R_L\uparrow = \varepsilon_s \sigma_B T_s^4$ と書けます．ここで，ε_s は地表面の射出率であり，0と1の間の値をとります．普通は1に近い値です．σ_B はシュテファン・ボルツマン定数であり，T_s は地表面温度です．

5.4　陸と海の地表面のエネルギー収支の季節変化

地表面熱収支は陸と海で違い，陸のうちの植生被覆によっても違う特徴を示します．東アジアとその近海の5地点を選んで，自然植生の分布とともに，図5.2に示します．ここでいう**植生**の分類は，陸域の生態系生態学でいう「**バイオーム**（生物群系）」（チェイピンほか2018の1.6節）にあたるものです．ただし，現実の植生は人間活動の影響を受けていますが，ここには，人間活動がなかった場合の植生を，Ramankutty et al. (2010) による緯度・経度0.5度格子データに基づき，さらに分類を単純化して図化しました．

バイオーム　biome

図5.3は，図5.2の地点A〜Eにおけるエネルギー収支各項の季節変化を示したものです．計算に用いた気象データは，日本の気象庁による再解析JRA-55 (Kobayashi et al. 2015) の1981〜2010年の平均値です．なお，R_{net}，H，LE は，

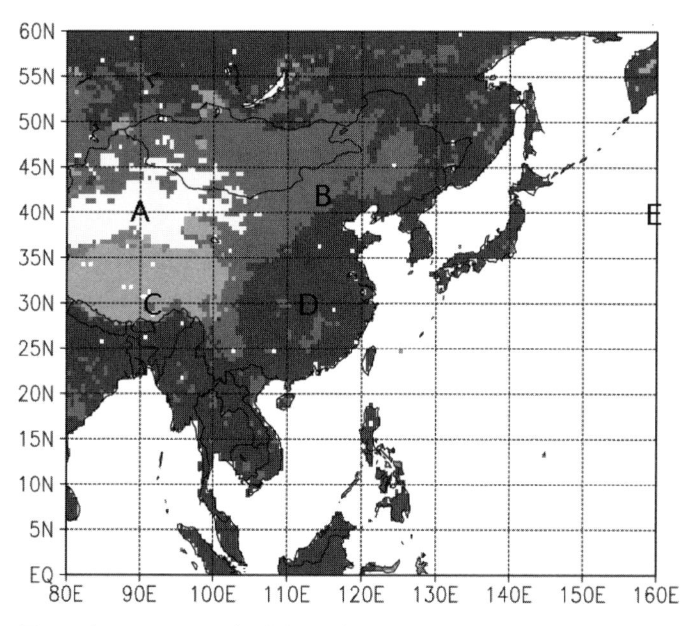

図5.2　東アジアにおける自然植生の分布と特徴的な地点A〜E（口絵カラー参照）
A：中国西北部（砂漠），B：中国東北部（草原），C：チベット高原（高山ツンドラ），D：中国平原中部（自然植生は常緑樹林，現在はおもに水田），E：北太平洋．Ramankutty et al. (2010) のデータによって作図した．

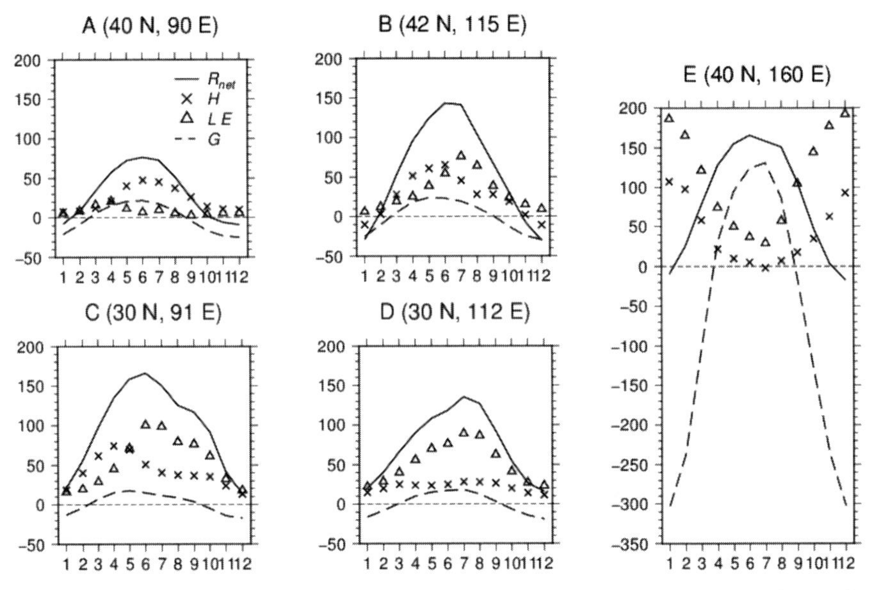

図 5.3　図 5.2 の地点 A〜E におけるエネルギー収支各項の季節変化（縦軸の単位は W/m^2，横軸は月）
R_{net}：正味放射，H：顕熱，LE：潜熱，G：地中伝導熱．JRA-55（Kobayashi et al. 2015）によって作図した．

気温その他の観測値を取り込んだ同化システムのうちの予報モデルで計算されたものであり，G はそれらの値からエネルギー収支式（式（5.6））によって計算したものです．

図 5.3 の正味放射には地球放射も含まれていますが，その季節変化の特徴はおもに太陽放射の季節変化を反映し，夏至の頃（図に示したのはいずれも北半球の地点なので 6〜7 月）に極大になります．なお，D 地点では夏至の頃が梅雨で雲が多いので，極大が出現する時期がずれています．

海・陸ともに夏にエネルギーを吸収し冬に放出しますが，その量の桁が違います．海（地点 E）のほうが季節変化に関する**熱容量**が大きいのです．

熱容量とは，物体の温度を一定量（典型的には 1 K つまり 1℃）だけ変えるのに必要なエネルギーのことです．ここで問題になるのは，陸と海のそれぞれで温度の季節変化にかかわる層の熱容量です．単位面積あたりの熱容量は，**比熱容量**（質量あたりの熱容量）と密度と層の厚さをかけたものです．このうち重要なのは季節変化に関与する層の厚さの違いです．比熱容量や密度も土と水で多少は違いますが桁は違いません．

陸では固体であり鉛直にエネルギーを伝える方法が熱伝導だけなので，約 1 m の土壌層だけを考えればよいです．これに対して海では，流体である水が鉛直に動くことによるエネルギー輸送つまり対流があるので，約 100 m の水の層がかき混ぜられます．この層を**混合層**と呼びます．実際には，上から冷やされる場合と暖められる場合で対流の効率は大きく違うのですが，暖められる場合でも風の応力によるかき混ぜがあるので，数十 m の深さの混合層は存在します．面積当たりの熱容量は海では陸よりも 2 桁大きいのです．

混合層　mixed layer

熱容量が小さい陸では季節内で，顕熱輸送と蒸発による大気へのエネルギー供給の合計がほぼ正味放射の値以内におさえられるのに対して，海では季節を越えた貯えが使われるのでこのような制約がないのです．図の地点Eでは，蒸発と顕熱輸送は冬のほうが夏よりも多いですが，この特徴は風速の季節変化がおもに関係し，世界の海全部に当てはまるわけではありません．蒸発と顕熱輸送の季節変化が正味放射に連動しないのは，海に共通してみられる特徴です．

なお，同じ陸地でもその乾湿により，顕熱輸送と蒸発との配分は大きく異なります．図5.3のAの砂漠では地表付近（土壌中など）に水がほとんどないので，正味放射の大部分が顕熱輸送になっています．Dの湿潤地帯では正味放射の大部分が蒸発になっています．B，Cのような半乾燥地帯はその中間です．Bの地域では7月頃から雨季となり，それまでの初夏は降水が少ないです．したがって，夏の前半は乾燥地域，後半は湿潤地域に似た状態になっています．

5.5　気候に及ぼす海陸分布と山岳の効果[2)]

[2)] 5.5節と5.6節は，増田（2003）を再利用しました．

同じ緯度でも，海上と陸上，あるいは海に近い陸地と大陸の内陸部とでは気候に違いがあります．この原因としては，第1に海と陸の熱容量の違い，第2に水の供給能力の違いがあげられます．また，これに加えて，陸上には地形のでこぼこ（**山岳**）があることも影響を及ぼしています．

山岳　mountains

陸よりも大きな熱容量をもつ海は夏の間にエネルギーを貯え，それを冬の間に放出しています．そして，海上の空気の温度の**年較差**（月平均気温の最大値と最小値の差）は陸上よりも小さくなります．北半球中緯度の大陸の面積比は，南半球中緯度に比べてずっと大きいです（図4.7）．そのため，北半球の夏には海陸を平均しても南北の温度差が冬よりもずっと小さくなり，それに伴って偏西風も弱くなります．南半球中緯度の偏西風の強さは夏冬ともに北半球の冬に似ています．

年較差　annual range of temperature

海陸の温度差は，大気の循環の原因にもなっています．これについては，モンスーンに関連して5.6節で述べます．また，水にかかわる海陸分布の効果は，海では地表面から蒸発できる水が無制限ですが，陸では限りがあるということです．これはさらに2つの要因に分かれます．

①同じだけのエネルギーを供給されても，砂漠のような乾燥した陸では，蒸発できる水が十分にありません．

②前述した熱容量の違いにより，海では夏に受け取ったエネルギーを貯えて冬に水を蒸発させることができるのに対し，陸では蒸発は季節内のエネルギー供給に支配されるので，冬には蒸発量が少なくなってしまいます．

一方，大規模な気候に及ぼす山岳の効果は，大気自体の運動にかかわる力学的効果と，水循環にかかわるものに分けられます．

①大気の運動は，山という障害物があると曲げられます．この影響が，風下のほうに伝わって，気圧の谷・峰をつくっていきます．同じ位置に山があっても，流れが山を乗り越える場合と，山のまわりを回る場合では違うパターンで影響が現れます．

②水に関する効果としては，山があると空気が強制的に上昇させられるため，水蒸気が凝結してその付近に降水として降ってしまいます．そのため，風下には水蒸気を少ししか含まない乾いた空気が供給されます．

5.6　モンスーン[2]

モンスーン　monsoon

モンスーンと季節風は，いずれも季節によって卓越風向が逆転することをさす同意語です．モンスーンはおもに熱帯の夏（北半球では6～9月頃，南半球では12～3月頃）の現象に，季節風はおもに温帯の冬の現象に重点を置いて，それぞれ使われることが多いです．

5.5節で述べた海陸の熱容量の違いから，陸は海よりも夏に高温，冬に低温になります．これによって大気に，夏は陸で上昇，冬は陸で下降する循環がつくられます．地上の気圧でいえば，夏には陸に低気圧，冬には陸に高気圧ができます．もともと亜熱帯は高圧帯，亜寒帯（温帯低気圧帯のうち高緯度側）は低圧帯ですが，最大の大陸であるユーラシアでは，夏には亜熱帯のインド付近に低気圧（**モンスーントラフ**と呼ばれることがあります），冬には亜寒帯のシベリア・モンゴルに高気圧ができて，帯状のパターンを崩しています（図5.4）．

モンスーントラフ　monsoon trough

地上の風でみたモンスーンは，海陸分布によって生じた地上の高気圧から低気圧に向かう風です．ただし，1日よりも十分長い時間スケールの現象なので，コリオリの力が効いて，風向は等圧線に平行に近く，少しだけ低気圧のほうに吹きこむものになります．質量保存から考えて，地表付近の風による質量輸送を補うように，上空のどこかで上昇域から下降域に向かう風（仮に「反流」と呼びます）があって，循環が持続できているはずです．モンスーンとその反流，上昇流，下

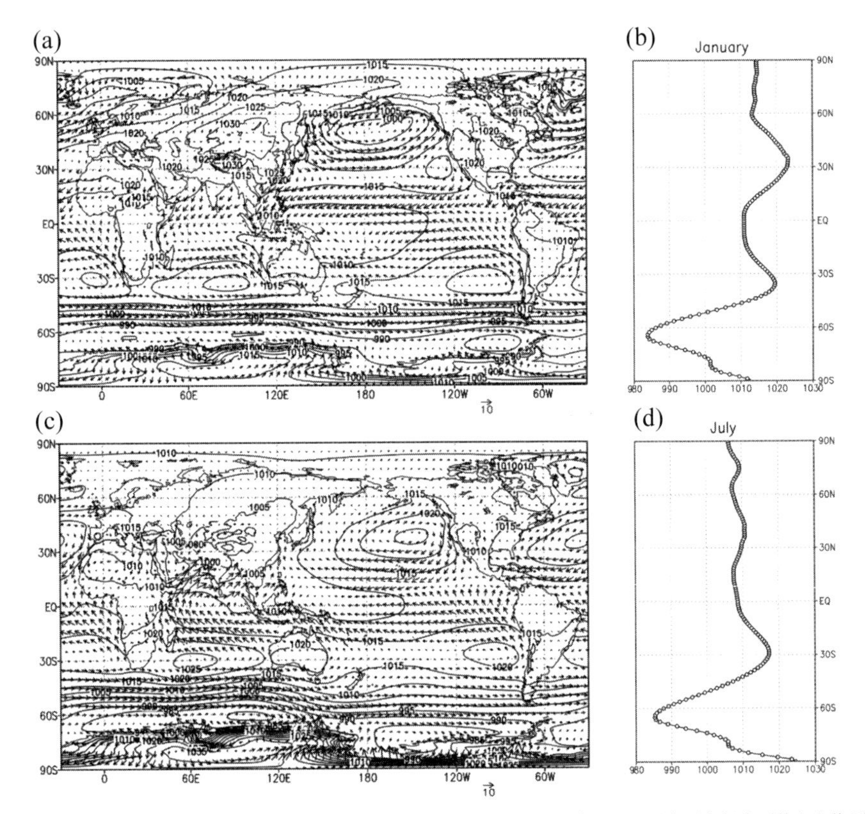

図5.4　(a) 1月と (c) 7月の海面気圧と地上（高さ10 m）の風の分布，および東西全経度平均した海面気圧の緯度分布（(b) 1月および (d) 7月）
JRA-55（Kobayashi et al. 2015）によって作図した．

降流を含めた循環を**モンスーン循環**と呼びます．モンスーン循環は，次に述べるように積雲対流との結合が起こる場合は対流圏全層に及びますが，そうでない場合は背が低く，対流圏の下半分ぐらいを占めます．

モンスーン循環　monsoon circulation

熱帯モンスーンは，北半球の夏にはインド・東南アジアと北半球側の熱帯アフリカ（サヘル・スーダン地帯）で，南半球の夏にはインドネシア・オーストラリア北部で，それぞれ明瞭にみられます．そのメカニズムは Webster（1987）がわかりやすく説明しています．これらの地域では，季節変化に伴い，まず，夏の初め（北半球側では 4 月頃），晴れた日が続いて地表面が加熱され，背の低い海陸間の循環ができます．陸上の低気圧に，海上から水蒸気をたくさん含んだ空気が収束すると，陸上で積雲対流と降水が活発に起こり，背の高いモンスーン循環ができます．雨が降った後には地表面温度の陸上と海上との差は小さくなりますが，積雲中の凝結が上昇流の原動力となるので，下層の収束は続きます．なお，モンスーンのうちでもとくに南アジアのものが明瞭となるのは，**チベット・ヒマラヤ山塊**が上昇流の位置を固定させる効果によると考えられます．

チベット・ヒマラヤ山塊　Tibet-Himalaya mountains

温帯の季節風は，緯度 35° 付近で，夏にはハドレー循環の**貿易風**（東風），冬には温帯の**偏西風**（西風）に覆われるところに現れます．冬には陸のほうが温度は低いので，温帯の偏西風が陸から海に出る大陸の東側（日本付近や北アメリカ東岸）では，海から大気に大量の水蒸気および顕熱（水蒸気以外の形でのエネルギー）が供給されます．とくに東アジアの冬は，大陸上に発達する地上の高気圧（**シベリア高気圧**）の東側にあたるため，偏西風にシベリア高気圧から吹き出す北西寄りの風が加わって，冷たい季節風が強く吹きます（図 5.4（a））．吹き出しの位置がほぼ一定となり，明瞭な形をとることには，チベット・ヒマラヤ山塊の力学的障壁効果もかかわっています．　〔増田耕一〕

シベリア高気圧　Siberian High

文　献

近藤純正編著 1994.『水環境の気象学』朝倉書店.

近藤純正 2000.『地表面に近い大気の科学』東京大学出版会.

チェイピン , F. S. III, マトソン , P. A. ヴィトーセク , P. M. 著 , 加藤知道監訳 2018.『生態系生態学（第 2 版）』森北出版. Chapin, F. S. III, Matson, P. A. and Vitousek, P. M., 2011. *Principles of terrestrial ecosystem ecology*. New York: Springer-Verlag.

ブディコ，M. I. 著，内嶋善兵衛・岩切 敏訳 1973.『気候と生命（上・下）』東京大学出版会. Budyko, M. I. 1971. *Climate and life*. Leningrad: Hydrometeorological Publishing.（in Russian）

増田耕一 2003. 気候に及ぼす海陸分布と山岳の効果. 町田 洋・大場忠道・小野 昭ほか編著『第四紀学』81-82. 朝倉書店 .

Kobayashi, S., Ota, Y., Harada, Y. et al. 2015. The JRA-55 reanalysis: General specifications and basic characteristics. *Journal of the Meteorological Society of Japan* 93: 5-48.

Ramankutty, N., Foley, J.A., Hall, F.G. et al. 2010. *ISLSCP II potential natural vegetation cover*. Oak Ridge: ORNL DAAC. DOI: 10.3334/ORNLDAAC/961.

Sellers, W. D. 1965. *Physical climatology*. Chicago: University of Chicago Press.

Webster, P. J. 1987. The elementary monsoon, In *Monsoons*, ed. J. S. Fein and P. L. Stephens, 3-32. New York: John Wiley.

季節変化の振幅やタイミングと海陸分布

気候の特徴が，陸上のうちでも海に近いところと大陸の内陸とで，違いがあることが知られています．これを，地表面のエネルギー収支の観点から考えてみましょう．

地上気温は，日平均しても，日々の天気にともなう変動がありますが，1年の整数分の1の周期のサインカーブの重ねあわせに分解してみると，中緯度では1年周期成分が分散の大きな割合を占めます（低緯度や高緯度では，半年周期も重要になり，複雑になります）．

世界の陸上の地上気温の1年周期成分の振幅の分布には，次のような特徴があります．

1. 低緯度では小さく，高緯度ほど大きい．これは，原因となる太陽放射の1年周期の振幅が低緯度では小さいことで説明できます．
2. 大陸の海岸に近いところでは小さく，内陸で大きい．これは，海のほうが季節変化にかかわる熱容量が大きいのでエネルギーのたまりの変化は大きくても地表面温度の変化が小さくなることで説明できます．大気は海上と陸上にわたって流れるので気温には海陸の特徴が混ざりますが，海に近いところほど海の影響が大きくなるのです．
3. ユーラシア大陸では，振幅の分布が東西非対称で，極大が東の端に近いロシア極東のヴェルホヤンスクあたりにあります．これは簡単に説明できませんが，極大が出る地域の空気が海上の空気と混ざりにくい条件があるに違いありません．

次に，1年周期成分の位相，つまり，いつごろ気温が極大になるかを見てみます．日本のほとんどの地点では，極大は8月上旬つまり二十四節気の立秋ごろ，極小は2月上旬つまり立春ごろです．しかし，中国の内陸部，たとえば唐の長安であった西安（シーアン）では，極大が7月なかばでまさに大暑，極小が大寒なのです．中国から直輸入した暦にともなう季節感が，日本の生活感覚に合わないのは当然だといえるでしょう．

大気上端に入射する太陽放射が極大となる夏至から，気温の極大までの遅れは，温帯の大陸内陸部の早いところでは30日ぐらい，温帯の海上では90日ぐらいになります．日本の陸上の地点で45日ぐらいの遅れになるのは，海上と陸上の空気が混ざった結果です．

（増田耕一）

6 日本の天気

九州から関東地方までを含む北緯 31°〜37° くらいの範囲を「日本東西軸地方」と呼ぶことにし，この地域の天気の季節変化についてみていきましょう．日本東西軸地方は四季のほかに，梅雨や秋雨がみられることが特徴です．また，台風も日本の降水量の季節変化に影響を与えています．

6.1 対象地域についてのおことわり

日本の季節ごとの天気の特徴を，日下（2013）の 2.1 節などを参考に，わざと単純化して述べることにします．

ただし，日本の南北の広がりはかなり大きく，その全体に適用できるように気候を記述するのは簡単ではありません．ここでは，日本のうちでも人口の多くが住んでいる，北緯 31°〜37° くらいの範囲に対象を限ります（その外の地域を軽視するつもりはありませんが，ひとまず棚上げにします）．この範囲には，九州，中国・四国，近畿，中部，関東地方が含まれます．熟さない表現ですが，これを「日本東西軸地方」と呼ぶことにします．英語で述べる場合は central Japan でよいだろうと思っていますが，「中部地方」だけではないことに注意する必要があります．

6.2 春と秋の天気

日本東西軸地方は，1 年の大部分の期間，第 4 章で述べた**大気大循環**の体制のうち，**温帯低気圧**が主役となる循環に支配されます．雲・降水を伴う温帯低気圧

大気大循環 atmospheric general circulation

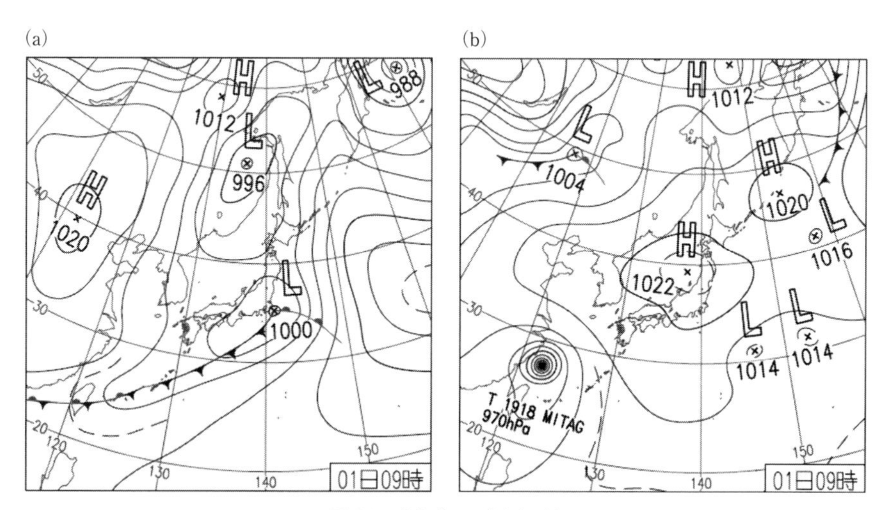

図 6.1 春と秋の天気図の例
(a) 2019 年 5 月 1 日．日本付近に気圧の谷が来ており，温帯低気圧が関東の南東と日本海の北の大陸上にある．(b) 2019 年 10 月 1 日．移動性高気圧が日本東西軸地方を覆っている（なお，たまたまこの日は，東シナ海南部に台風がある）． https://www.data.jma.go.jp/fcd/yoho/hibiten/index.html による（最終閲覧日：2020 年 6 月 29 日．以下，天気図の出典は同じ）．

移動性高気圧 travelling anticyclone

と，晴れることの多い**移動性高気圧**が，いずれも西から東に移動していきます．低気圧が来てから次の低気圧が来るまでの時間は7日程度です．この低気圧・高気圧は，上空（対流圏中層，気圧でいえば500 hPa，高さでいえば5500 m付近を代表とします）の**偏西風**の波の**谷・峰**と一連の構造です．春（3〜5月）と秋（10，11月）は，この温帯低気圧型と移動性高気圧型の天気パターンがおもに現れます（図6.1）．

6.3 冬の天気

ユーラシア大陸 Eurasian Continent

太平洋 Pacific Ocean

日本海 Sea of Japan

メソスケール meso scale

冬（12〜2月）には，冬の季節風型の天気パターンが現れます（図6.2(a)）．第5章で述べたように，冬には，日本の西の**ユーラシア大陸**の陸面は，東の**太平洋**の海面よりも温度が低くなります．そして，対流圏下層では，大陸上に高気圧，海洋上に低気圧ができ，大陸から海洋に向けて風が吹き出します．しかしながら，地球の自転の効果があるので，高気圧のまわりを上からみて時計まわりに回りながら吹き出す形になり，日本東西軸地方付近では北西の風，その南の亜熱帯では北東の風となります．吹き出しを補うように，おそらく対流圏中層に，大陸に向かう流れがあるはずです（ただし検出するのはむずかしいかもしれません）．この季節風が日本に，やや複雑な降水分布をもたらします．大陸から吹き出す季節風は，初めは乾燥していますが，**日本海**などの海上を吹く間に海から水蒸気を受け取ります．その空気が日本列島の山脈の風上（北西側）で押し上げられ，雲をつくり，降水をもたらします（温度が低いので雪になることが多いです）．風下（南東側）では水蒸気が乏しくなった空気が押し下げられるので，晴れることが多いです（図6.2(b)）．この風上・風下のコントラストは気候の全球モデルではまだ表現困難な**メソスケール**の特徴です．また，冬の間には，冬の季節風型のほかに，温帯低気圧型・移動性高気圧型の天気パターンが出現することもあります．日本列島の山脈の南東側で雪が降るのは，温帯低気圧型で，しかも気温が低いときです（図6.3）．

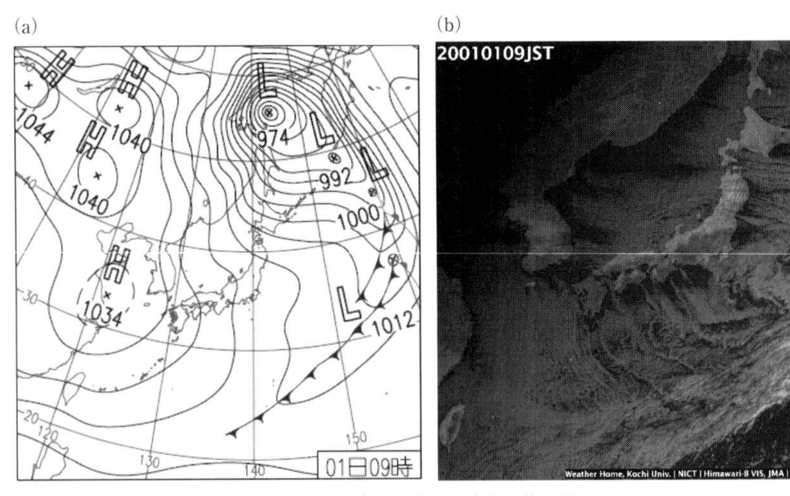

図6.2 冬の天気図と衛星画像の例
(a) 2020年1月1日の天気図．西の大陸に高気圧，東の海上に低気圧がある．(b) 同日9:00における「ひまわり8号」の可視画像．http://weather.is.kochi-u.ac.jp/ による（最終閲覧日：2020年6月29日）．

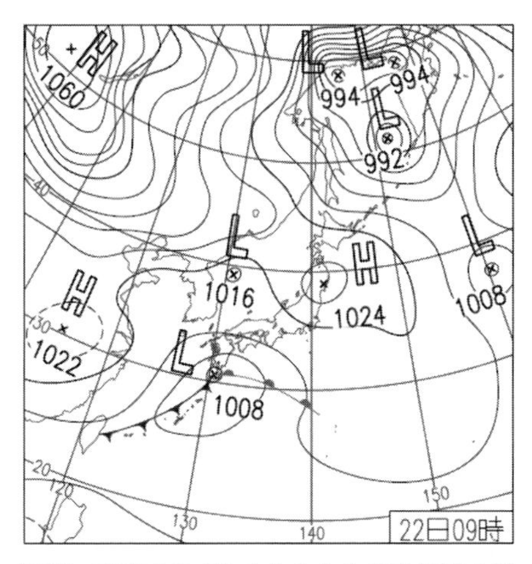

図 6.3 東京で雪がみられたときの天気図の例（2018 年 1 月 22 日）
大局的には冬型だが，日本の南岸（9 時の時点では九州の南）に温帯低気圧があり，発達しながら東に進んだ．この日，東京（北の丸公園）では 23 cm の積雪が観測された．

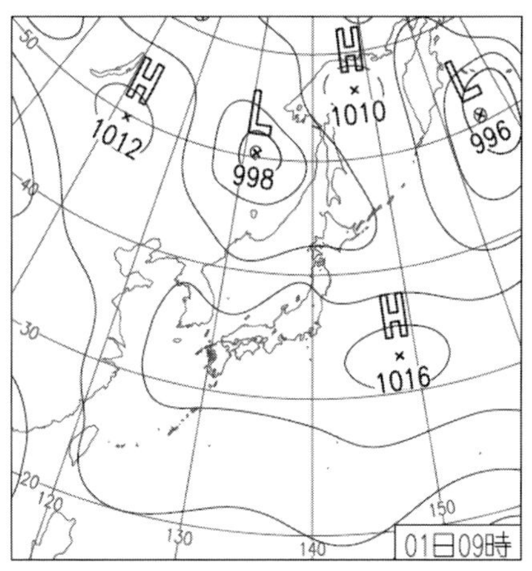

図 6.4 夏の天気図の例（2019 年 8 月 1 日）
日本東西軸地方に亜熱帯高気圧が広く張り出している．

6.4 夏 の 天 気

夏（8 月頃）には，日本東西軸地方は，第 4 章で述べた**ハドレー循環**の下降域にあたる**亜熱帯高気圧**に覆われることが多いです．気温が高く，湿度もかなり高いですが，晴れることが多いです（図 6.4）．ただし，亜熱帯高気圧帯のうちでは，太平洋の西側なので，太平洋の東側に比べれば下降流が持続しにくく，**積雲**が立ちやすいです．陸上では，**日変化**に伴うメソスケールの降水が，たとえば，午前中は晴れているが午後に**雷雨**が生じるような形で，しばしばみられます．

亜熱帯高気圧　subtropical high
積雲　cumulus cloud
日変化　diurnal variation
雷雨　thunderstorm

6.5 梅雨（および秋雨）

6，7 月には雨が多く，**梅雨**（ばいう）と呼ばれます．これは中国大陸（とくに華中）の梅雨（メイユ）と一連の現象です（図 6.5）．梅雨をもたらす大気の構造は**梅雨前線**と呼ばれ，図中では停滞前線として表現されています．温帯低気圧に伴う前線は温度差が大きいことが特徴ですが，梅雨前線は水蒸気量の違いが大きいことが特徴です．

梅雨　Baiu，Meiyu
梅雨前線　Baiu front

梅雨前線と似たものとしては，**南太平洋収束帯**（SPCZ）と**南大西洋収束帯**（SACZ）があり，**亜熱帯降水帯**としてまとめることもできます（Kodama 1992）．ただし，梅雨前線は SPCZ や SACZ よりも位置が固定されやすいです．

南太平洋収束帯　SPCZ: South Pacific Convergence Zone
南大西洋収束帯　SACZ: South Atlantic Convergence Zone
亜熱帯降水帯　subtropical precipitation zone

梅雨前線の中にメソスケールの積雲群が発達して，激しい雨をもたらすことがあります．熱帯の大部分の地域での降水では，日変化がはっきりしていて雨季でも晴れる時間があることが多いのに対して，梅雨前線の降水は昼夜を問わず続くことが起きやすいです．

秋の初め（9 月頃）は雨の日が多い時期であり，秋雨（あきさめ）または秋霖（しゅうりん）と呼ばれます．前線が停滞することもあって，いくらか梅雨と似ていますが，梅雨ほど持続性がありません（図 6.6）．

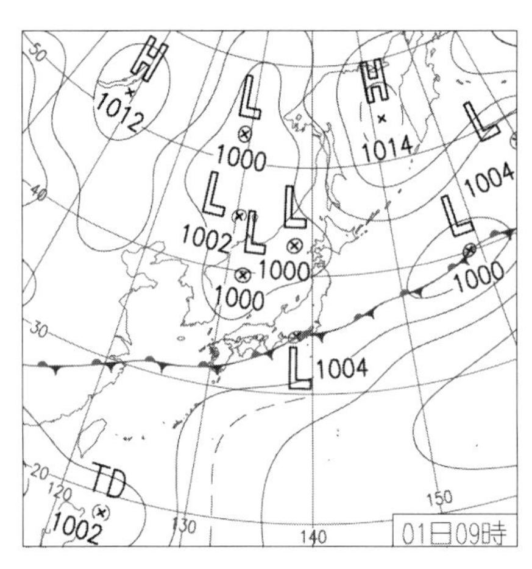

図 6.5　梅雨期の天気図の例（2019 年 7 月 1 日）中国の長江下流から日本の南岸にかけて梅雨前線が停滞している．

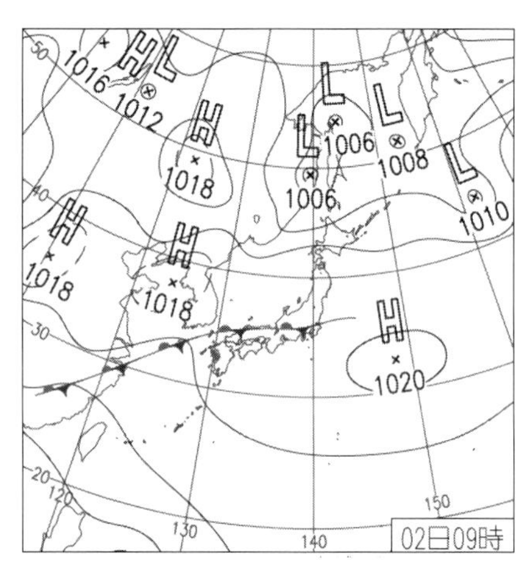

図 6.6　秋のはじめの天気図の例(2019 年 9 月 2 日）日本東西軸地方に前線が停滞している．

6.6 台　　風

台風は熱帯低気圧のうち北西太平洋で発生し，地上風速約 17 m/s 以上に発達したものです（4.4 節参照）．熱帯の海上で発生し，だいたい 6 月から 11 月の間に不規則なタイミングで日本にやってきます．台風は大雨と強風をもたらします（図 6.1b）．台風は，日本東西軸地方まで来ると，海面からの水蒸気の形でのエネルギーの供給が十分でなくなり，発達できなくなります．しかし，台風から温帯低気圧に構造を変えて，再び発達することがあります．

降水量の平年値（30 年平均値）に基づいて季節変化をみると，極大は，日本海側では冬の 12～1 月，西日本では梅雨期の 6～7 月，東日本では 9 月に出現する地点が多くなっています．9 月の量が多いのはおもにこの時期に台風が来る頻度が高いからです．

〔増田耕一〕

文　献

日下博幸 2013.『学んでみると気候学はおもしろい』ベレ出版.

Kodama, Y. 1992. Large-scale common features of subtropical precipitation zones（the Baiu Frontal Zone, the SPCZ, and the SACZ）. Part I: Characteristics of subtropical frontal zones. *Journal of the Meteorological Society of Japan* 70: 813-836.

7 流域水収支の事例

「水文学の研究は水収支に始まり水収支に終わる」(榧根, 1980)といわれるほど, 水収支は水文学の中心課題です. 水収支では, 水収支式に出てくる項目の相互関係について調べます. 本章では大陸規模の大河川における水収支の季節変化について, アマゾン川流域を例に説明します.

7.1 流域水収支と大気－流域結合系の水収支式

流域 basin
流域水収支 water balance in the basin

流域とは, 河川によって流出する水のもととなる, 降水が降下する範囲のことをいいます(図 7.1). そして**流域水収支**とは, 流域における単位時間当たりの水の出入りのことをさします. 河川流域では, 流域の水収支式は式 (7.1) のようになります. ここであえて「流域の」と断るのは, 式 (7.4) で大気の水収支式が出てくるためです.

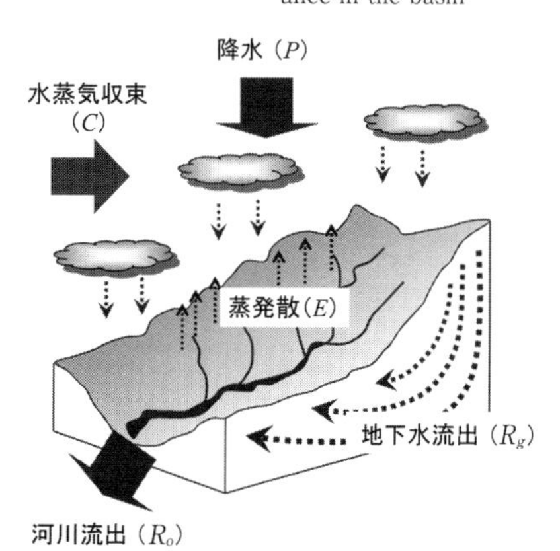

図 7.1 流域における水循環の概念図(松山ほか 2014 に加筆)

$$\frac{dS}{dt} = P - E - R_o - R_g \tag{7.1}$$

ここで, S は流域貯留量(流域に貯まっている水の量), t は単位時間, P は降水量, E は蒸発散量[1], R_o は河川流出量, R_g は正味の地下水流出量(流出－流入)であり(図 7.1), dS/dt は単位時間当たりの S の変化量です. 水収支各項は mm で表現する場合が多いので, たとえば単位時間を月にとれば, S の単位は mm(状態量といいます), P, E, R_o, R_g の単位は mm/ 月(フラックスといいます)になります[2].

流域では 1 年周期の現象が卓越するため, 流域水収支式において単位時間を 1 年にとると, 式 (7.1) の左辺は 0 になると考えられます. そこで年単位の水収支を考え, 式 (7.1) を変形すると次の式 (7.2) が得られます.

$$R_o + R_g = P - E \tag{7.2}$$

式 (7.2) の右辺, $P-E$ のことを**水資源量**といいます. 河川流域では $P > E$ となることが多く, その余剰水を私たちは使っています. 実際には, Rg を観測することはむずかしいので, これを S に含めて考える場合が多いです. その場合, 式 (7.2) は以下のようになります.

$$R_o = P - E \tag{7.3}$$

この式 (7.3) は,「年降水量は, 河川流出量と蒸発散量に分配される」ことを意味しています. 一方, 河川流域の上空における気柱の水収支を考えると(図 4.6), **大気の水収支式**は式 (7.4) のように書けます.

[1] 蒸発散量とは, 地表面からの蒸発量, 植物の葉, 枝, 幹によってとらえられた降水が蒸発するもの(遮断蒸発量), および葉の気孔からの蒸散量を合計したものです. 蒸発と蒸散は区別される場合がありますが, どちらも液体の水が気体の水蒸気になる現象ですので, 両方を合わせて蒸発散といいます. なお, 第 6 章までは, 蒸発と蒸散が区別されず, 両方を合わせて蒸発と表現されてきました.

[2] 状態量とは, ある時刻における物質の量のことであり, フラックスとは, ある期間における物質の量のことです. たとえば降水量 30 mm/月というのは, 1 カ月間にみられた降水の深さが 30 mm という意味です. しかしながら, 月降水量 30 mm というように表現されることも多いです.

水資源量　water resources

大気の水収支式　water balance equation of the atmosphere

$$\frac{dW}{dt} = E - P + C \tag{7.4}$$

ここで，W は可降水量，C は水蒸気収束量といいます（第4章）．可降水量とは，地表面から大気上端[3]までに含まれる水蒸気量のことです．また，水蒸気収束量とはこの場合，河川流域の上空に水平方向に出入りした正味の水蒸気量（流入量－流出量，風による水蒸気輸送を考えます）を表します（図7.1）．ここでも単位時間を月にとれば，dW/dt と C の単位は mm/月になります．

[3] 水蒸気は地表面付近に多く分布するため，大気上端をどこにとるかはそれほど重要ではありません．しかしながら，第12章に出てくるJRA-55（Kobayashi et al. 2015）では100 hPa（高さ約16 km）まで湿度のデータがありますので，JRA-55を用いて可降水量を計算する場合の大気上端は100 hPaということになります．

式（7.1）と式（7.4）は $P - E$ を通じて結びついており，以下のように書き直すことができます．

$$\frac{dS}{dt} + R_o + R_g = P - E = -\frac{dW}{dt} + C \tag{7.5}$$

今，年間の水収支を考えることにすると，流域では1年周期の現象が卓越するため，式（7.5）の右辺の dW/dt は0になると考えられます．一方，式（7.5）左辺の R_g を dS/dt に含めると，年間の水収支では同じく dS/dt は0になると考えられますので，式（7.5）は以下のようになります．

$$R_o = C \tag{7.6}$$

式（7.6）は，「流域に年間に入ってくる正味の水蒸気量（水蒸気収束量）は流域から出ていく河川流出量に等しい」ことを意味しています．これは，「河川流出量を大気の高層観測データから算出できる」ことを示しています．実際，大気の高層観測地点が密に分布している北半球中緯度では，大気の客観解析データ[4]から推定した年間の河川流出量が精度よく推定されていることが示されています（Oki et al. 1995）．

[4] 大気の客観解析データとは，大気の高層観測データと全球気象モデルの予報値を組み合わせて作成された気象データのことで，データは緯度・経度の格子点上に規則正しく分布します．詳しくは第12章を参照願います．

7.2　流域貯留量の季節変化

もう一度，式（7.5）に戻ってみましょう．今，R_g を dS/dt に含む形とし，$P - E$ を含まない形で式（7.5）を書き直すと，以下のようになります．

$$\frac{dS}{dt} = -\frac{dW}{dt} + C - R_o \tag{7.7}$$

積分　integration

この式の両辺を t で**積分**（この場合不定積分）すると以下のようになります．

$$\begin{aligned} S &= \int \left(\frac{dS}{dt}\right) dt \\ &= \int \left(-\frac{dW}{dt} + C - R_o\right) dt + \text{Const.} \end{aligned} \tag{7.8}$$

流域貯留量　basin storage

季節変化　seasonal change

式（7.8）のConst.は，不定積分に出てくる定数項です．今，1カ月ごとに式（7.8）を解くことにすると，式（7.8）の $\int(-dW/dt + C - R_o)\,dt$ は，毎月の大気の客観解析データと河川流量データがあれば計算できます．計算で得られる S（**流域貯留量**）には定数項Const.がつきますので，式（7.8）からは「S の相対的な季節変化」が求められることになります．具体的な計算の方法は7.3節で示します．

S の**季節変化**はなぜ大事なのでしょうか？「S は水収支式を構成する1項目だから」というのはもちろんですが，「S を直接測定するのがむずかしいから」というのが1つめの理由です（これまでの議論では，直接測定するのがむずかしい

R_g を S に含めてきました）．S は，土壌水分量だったり，積雪水量[5] だったり，河川水や湖沼水だったりしますが，流域におけるこれらの空間平均値を地上観測から求めることは容易ではありません．

2つめの理由は，「とくに大陸規模の大河川の場合，S の季節変化（地表面の乾湿状態ともいえます）は，大陸の暖まりやすさといった点から，気候の年々変動に及ぼす影響も大きいから」です．たとえば，ユーラシア大陸で春先の積雪面積が広いと，その夏のインドの南西モンスーンの降水量は少なくなるといわれています（Hahn and Shukla 1976）．北半球の夏には，インド洋からインドに向かって湿った風が吹き，陸地で上昇して雨が降ります．これは，夏には大陸のほうが海洋よりも暖まりやすく気圧が低くなり，海陸の気圧差に応じてインドの**南西モンスーン**が強まるからです．しかしながら，ユーラシア大陸で春先の積雪が多

[5] 積雪水量とは，積雪を融かしたときの水の深さのことです．普通，積雪深は単位 cm で，積雪水量は単位 mm で，それぞれ表現します．どちらも長さの単位ですが，意味するところは全く違います．積雪深を積雪水量に換算するには，地面から積雪表面までの積雪の全層密度（単位 g/cm^3）が必要で，以下の式を使って換算します．

積雪水量（mm）＝積雪深（cm）×積雪の全層密度（g/cm^3）×10（cm → mm の単位換算）

積雪水量は流域貯留量の一部なので，その時間変化は降水量や蒸発散量と直接比較することができます．

南西モンスーン south-west monsoon

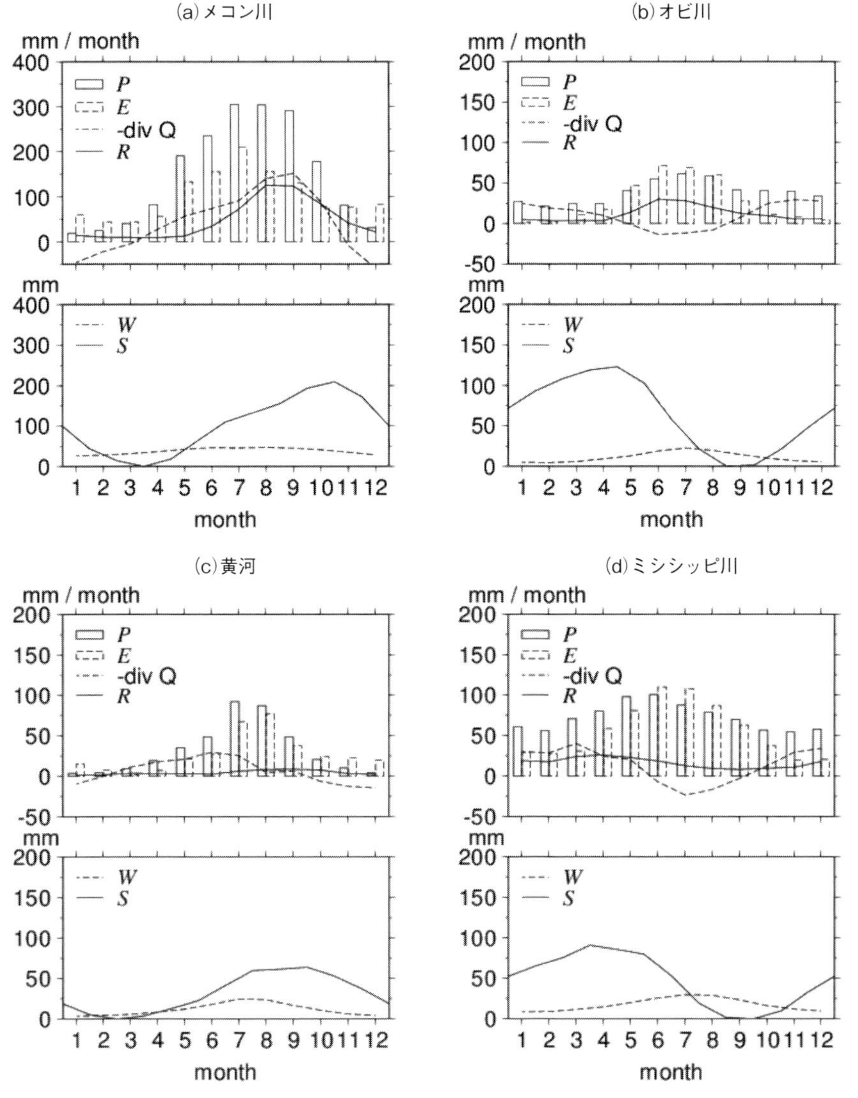

図 7.2 世界のおもな河川における水収支の季節変化（Masuda et al. 2001 をもとに作成）
(a) メコン川（流域面積 810 × 10^3 km^2，河川長 4425 km），(b) オビ川（2990 × 10^3 km^2，5568 km），(c) 黄河（980 × 10^3 km^2，5464 km），(d) ミシシッピ川（3250 × 10^3 km^2，5969 km）．流域面積と河川長は国立天文台（2018）による．

いと大陸は暖まりにくくなります．積雪は融けると土壌水分になり，地表面が湿っていると，大気から地表面に入ってくるエネルギーは水を蒸発させるのに使われるため，地表面付近の温度が上がりにくくなります．すると，海陸の気圧差が小さくなってインドの南西モンスーンが弱まるのです（Yasunari et al. 1991）．

式（7.8）を解いて，世界のいくつかの大河川流域の水収支の季節変化を求めた例を図7.2に示します（Masuda et al. 2001）．Sは相対的な値なので，図7.2では，各河川においてSが最小となる月の値が0 mmとなるように表現してあります．図7.2（a）は熱帯の大河川です．東南アジアのメコン川流域では南西モンスーンの時期（5～9月）にPが多くなり，雨季の終わりにSは最大値をとります．東アジアの中緯度に位置する黄河流域でも同様の特徴がみられます（図7.2(c)）．一方，積雪地域では水収支の季節変化の様子が異なります．ロシアのオビ川（図7.2(b)）ではPが多くなるのは暖候期（6～8月）です．しかしながら，Sの最大値は4月に現れています．これは，冬季の降雪が堆積し春になって融けるため，融雪直前の時期にSが最大になるためです．同様の特徴は北アメリカの中緯度に位置するミシシッピ川でもみられます（図7.4(d)）．ミシシッピ川は世界で3番目に流域面積が大きな河川であり，上流部にはロッキー山脈も含まれます．高緯度側から低緯度側に流れるため，Sの季節変化には積雪の影響が含まれるのです．

以下では，流域水収支の季節変化について，南アメリカのアマゾン川を例に，具体的に説明します．

7.3　アマゾン川の流域水収支

アマゾン川は，南アメリカの熱帯に位置する大河川で，流域面積は7050×10^3 km^2，河川長は6516 kmです（国立天文台 2018，図7.3）[6]．流域面積は世界第1位，河川長はアフリカのナイル川に次いで世界第2位であり，流域の大部分は**熱帯雨林**で覆われています．アマゾン川流域では，年降水量の約1/2は河川流出量となり，残り約1/2は蒸発散量になります（Salati 1987）．つまり，「アマゾン川流域の熱帯雨林は蒸発散を通じて流域の水循環に貢献している」といえます．しかしながら，流域水収支の季節変化については，これまでよく知られていませんでした．

もともと，アマゾン川流域の人口密度は小さく，そのため水文・気象観測地点が少なくて，水収支の研究を行うことがむずかしかったのです．しかしながら，1978年12月～1979年11月に世界全体で「**全球気象実験**」という気象の特別観測が行われ，当時としては良質のデータが得られました（増田 1988）．ここでは，このときの事例解析の話（Matsuyama 1992）を紹介します．

全球気象実験期間中には，アマゾン川流域で2153 mmの年降水量がみられました（図7.4）．降水量は疎らな地点観測データを用いて**ティーセン法**[7]（Thiessen 1911）で求めました．このときに用いた大気の客観解析データ（FGGE III-bデータといいます．増田 1988）の空間分解能は1.875°×1.875°で，192×97の格子点で地球全体を覆っていました．このうち，図7.3のアマゾン川流域に該当する格子点のデータを抽出して，解析に用いました．

アマゾン川　Amazon River

熱帯雨林　tropical rain forest

[6] 国立天文台（2018）に載っているアマゾン川の流域面積7050×10^3 km^{2}は，支流のトカンチンス川流域（図7.3）も含んだ値です．7.3節で述べるアマゾン川の流域水収支は，トカンチンス川流域を除いた範囲（6150×10^3 km^2，図7.3）の解析結果になります（Matsuyama 1992）．

全球気象実験　First GARP Global Experiment, Global Atmospheric Research Program

ティーセン法　Thiessen method

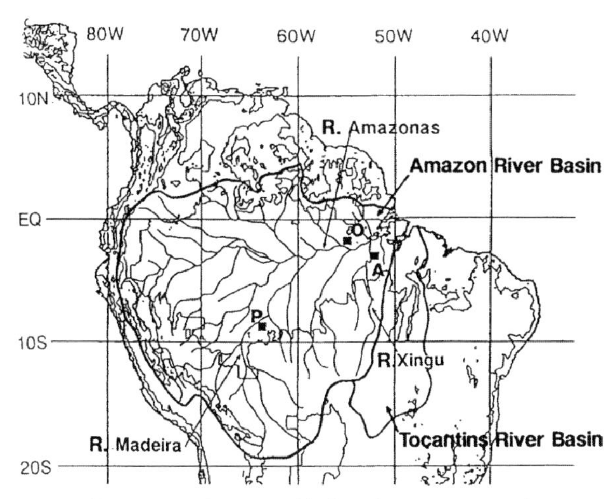

図 7.3 アマゾン川の流域概念図（Matsuyama 1992）
流域界が太線で，水系網が細線で，それぞれ示されている．200 m，1000 m，3000 m の等高線も示されている．■は河川流量観測地点である．

アマゾン川流域では，北半球の冬が雨季，夏が乾季にそれぞれ相当します．図 7.5 の P の季節変化にもその特徴が現れており，P は雨季に多く，乾季に少なくなっています．図 7.5 に C と，式（7.4）から残差として求められた E も示されています．なお，熱帯であるため dW/dt の月ごとの変化は小さく，dW/dt は図 7.5 には示されておらず，計算にも用いていません．この図から，アマゾン川流域では C と P の季節変化がよく似ていることがわかります．つまり，雨季に C の値は大きくなり，乾季に値が小さくなるのです．そして，残差として求められる E は（月によって若干の違いがみられるものの），1 年を通じて約 100 mm/ 月であることがわかります．

表 7.1 には，アマゾン川流域における月ごとの水収支を示しました．この表を用いて，式（7.8）の意味について説明しましょう．ただし，ここでは式（7.8）と式（7.5）を組み合わせて，式（7.8）から $-dW/dt+C$ を消去した，以下の式（7.9）を使います．

[7] ティーセン法とは，ある領域内に分布する点の位置情報のみを用いて，その領域を，各点の垂直二等分線網で分割する方法のことです（図 7.4）．

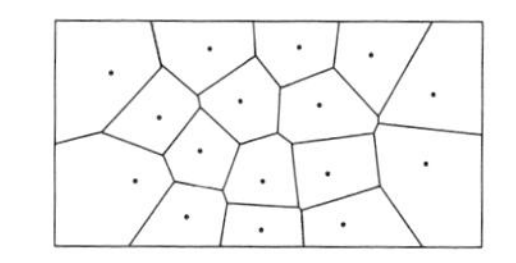

図 7.4 ティーセン法によって領域を分割した例
（http://morigon.jp/SUBI/Voronoi.html により作成．最終閲覧日：2020 年 6 月 29 日）

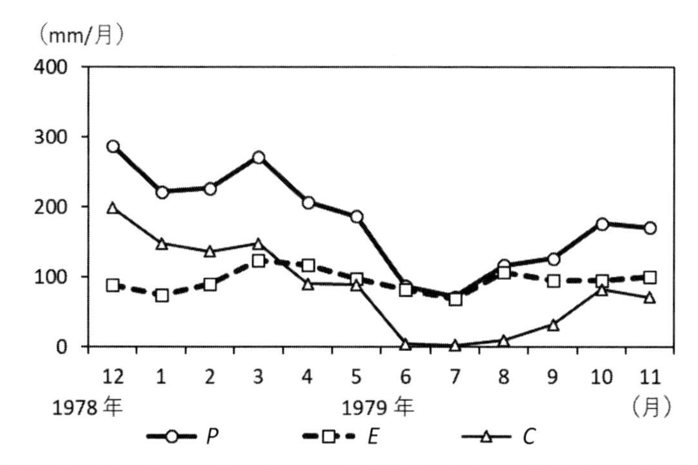

図 7.5 1978 年 12 月～1979 年 11 月のアマゾン川流域における P（降水量），E（蒸発散量），C（水蒸気収束量）の季節変化（Matsuyama 1992 をもとに作成）

表 7.1　1978年12月～1979年11月のアマゾン川流域における毎月の水収支（Matsuyama 1992をもとに作成）

	初期値	1978年	1979年										
		12月	1月	2月	3月	4月	5月	6月	7月	8月	9月	10月	11月
P（mm/月）		287	222	227	272	207	187	87	72	117	127	177	171
E（mm/月）		88	74	90	124	117	98	82	69	107	95	95	100
R_o（mm/月）		55	66	72	96	104	117	115	111	98	74	56	50
dS/dt（mm/月）		144	82			−14	−28						
S（mm）	47	191	273								0		47

$$S = \int \left(\frac{dS}{dt}\right) dt = \int (P - E - R_o)\, dt + \text{Const.} \tag{7.9}$$

今回は，1年におけるSの最小値が0 mmとなるようにConst.の値を47 mmとしました（表7.1）．この値を1978年11月30日の値（Sの初期値）として，水収支の季節変化を計算します．

1978年12月の水収支は，この1カ月間に流域に出入りした水を数えます．入ってきた水はPが287 mm/月です．一方出ていった水はEが88 mm/月，R_oが55 mm/月です．そのため，$dS/dt = 287 - 88 - 55 = 144$ mm/月になります．これを初期値47 mmに加えた191 mmが1978年12月31日のSになります．この前月末の値に当月の水の出入り（dS/dt）を加えることが，式（7.9）の積分の意味になります．これと同じ作業を1979年1月について行うことで，1979年1月31日のSの値は273 mmと求められます．

表7.1には空欄を設けておきましたので，皆さんもぜひ，この表の穴埋めをしてみてください．雨季である1978年12月や1979年1月は$dS/dt > 0$となりますが，乾季（1979年4月や5月など）には$dS/dt < 0$になります．Sの最小値（0 mm）は1979年9月30日に現れ，1979年11月30日のSの値は初期値と同じ47 mmになります．もし，このようにならなかったら，それは皆さんが計算間違いをしていることになります．

図7.6は，1978年12月～1979年11月におけるSとEの季節変化を示しています．Sは雨季の間増加を続け（図7.5），1979年3月31日に最大値となります．その後減少し続け，次の雨季の始まりである1979年9月30日に最小値0 mmになります．1年間の最大値と最小値の差は約400 mmにも達します．これに対して，Eは1年を通じて約100 mm/月です．もし，流域内のSやEの分布を考えなくてよいのならば（この仮定は，次の段落で述べるように妥当だと思われます），図7.6からは，「アマゾン川流域の熱帯雨林は，乾季にも水不足の影響を受けない」ということができます．

人工衛星NOAA/AVHRR[8]のデータを用いて，世界の地表面状態の季節変化について調べたMurai and Honda（1991）によれば，アマゾン川流域は熱帯雨林に覆われています．そして，人工衛星からみたときの熱帯雨林の特徴は，「季節変化に乏しく，年間を通して植生の活動が活発である」になります．熱帯雨林からの蒸散は葉の気孔を通じて行われますし，遮断蒸発[1]もありますから，人工衛星からみた熱帯雨林の季節変化の特徴と，図7.5や図7.6にみられる蒸発散

[8] NOAA/AVHRRとは人工衛星NOAA（National Oceanic and Atmospheric Administration）に搭載されているセンサAVHRR（Advanced Very High Resolution Radiometer）のことをさします．

量の季節変化は整合的です．また，本章で述べたのはアマゾン川流域全体の話ですが，流域内にある試験地での観測でも，蒸発散量の季節変化が小さいことが報告されています（Jordan and Heuveldop 1981）．

最後に，大気の水収支から得られた毎月の E および C を，その月の P で割ったものの季節変化を示します（図 7.7）．年間の水収支では E/P が約 0.5 だったのですが，図 7.7 からは，E/P の値が雨季に小さく，乾季に大きくなることがわかります．アマゾン川流域の E の季節変化は小さく毎月約 100 mm/ 月でしたが，それが P に占める割合は乾季に大きくなります．すなわち，熱帯雨林が流域の水循環に及ぼす影響は，雨季よりも乾季に相対的に重要であるといえます．こういった視点から熱帯雨林の重要性について考えるのも意味があることだと思います．

本章では紙面の都合上，アマゾン川の流域水収支の話しかできませんでした．Matsuyama and Masuda（1997）では，「積雪が流域水収支に及ぼす影響」として，ボルガ川（ロシア）の流域水収支について紹介しています．興味のある方はこちらも御覧いただければ幸いです．

〔松山　洋〕

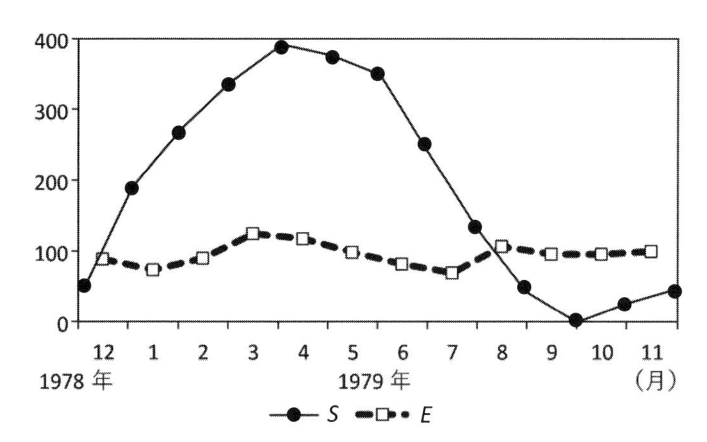

図 7.6　1978 年 12 月～1979 年 11 月のアマゾン川流域における S（貯留量）と E（蒸発散量）の関係（Matsuyama 1992 をもとに作成）

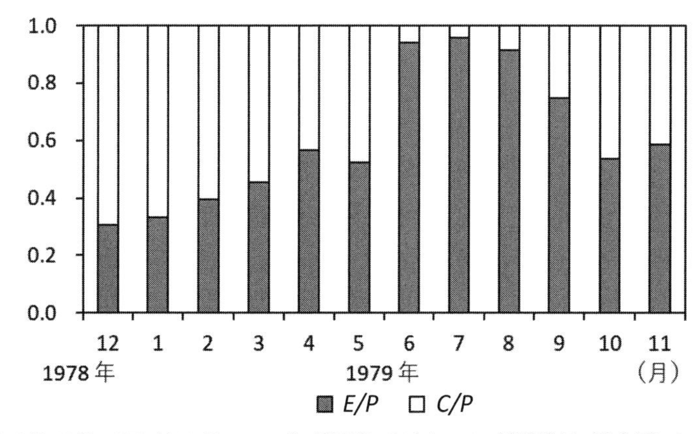

図 7.7　1978 年 12 月～1979 年 11 月のアマゾン川流域における E/P（蒸発散量／降水量）と C/P（水蒸気収束量／降水量）の季節変化（Matsuyama 1992 をもとに作成）

文　献

榧根 勇 1980.『水文学』大明堂.

国立天文台編 2018.『理科年表 2019』丸善.

増田耕一 1988. FGGE III-b データの問題点－ECMWF と GFDL の「main III-b」データについて－. 天気 35: 5-19.

松山 洋・川瀬久美子・辻村真貴・高岡貞夫・三浦英樹 2014.『自然地理学』ミネルヴァ書房.

Hahn, D. G. and Shukla, J. 1976. An apparent relationship between Eurasian snow cover and Indian monsoon rainfall. *Journal of Atmospheric Sciences* 33: 2461-2462.

Jordan, C. F. and Heuveldop, J. 1981. The water budget of an Amazonian rain forest. *Acta Amazonica* 11: 87-92.

Kobayashi, S., Ota, Y., Harada, Y., Ebita, A., Moriya, M., Onoda, H., Onogi, K., Kamahori, H., Kobayashi, C., Endo, H., Miyaoka, K. and Takahashi, K. 2015. The JRA-55 reanalysis: General specifications and basic characteristics. *Journal of the Meteorological Society of Japan* 93: 5-48.

Masuda, K., Hashimoto, Y., Matsuyama, H. and Oki, T. 2001. Seasonal cycle of water storage in major river basins of the world. *Geophysical Research Letters* 28: 3215-3218.

Matsuyama, H. 1992. The water budget in the Amazon river basin during the FGGE period. *Journal of the Meteorological Society of Japan* 70: 1071-1084.

Matsuyama, H. and Masuda, K. 1997. Estimates of continental-scale soil wetness and comparison with the soil moisture data of Mintz and Serafini. *Climate Dynamics* 13: 681-689.

Murai, S. and Honda, Y. 1991. World vegetation map from NOAA GVI data. In *Applications of Remote Sensing in Asia and Oceania,* ed. S. Murai, 3-6. Tokyo: Asian Association on Remote Sensing.

Oki, T., Musiake, K., Matsuyama, H. and Masuda, K. 1995. Global atmospheric water balance and runoff from large river basins. *Hydrological Processes* 9: 655-678.

Salati, E. 1987. The forest and the hydrological cycle. In *The Geophysiology of Amazonia*, ed. R. E. Dickinson, 91-101. New York: Wiley.

Thiessen, A. H. 1911. Precipitation averages for large areas. *Monthly Weather Review* 39: 1082-1084.

Yasunari, T., Kitoh, A. and Tokioka, T. 1991. Local and remote responses to excessive snow mass over Eurasia appearing in the northern spring and summer climate − A study with the MRI・GCM − . *Journal of the Meteorological Society of Japan* 69: 473-487.

8 植生の分布を制約する気候条件

植生の分布は気候条件によって制約されます．植生型や純一次生産量は陸面からの蒸発量との対応がよく，降水量と可能蒸発量との比が重要になってきます．また，植物にとって体内の水が凍結することが致命的であるため，植生の分布を考えるうえで，冬の最低気温も重要です．

8.1 植生型や純一次生産量を制約する気候要因を考える

世界の陸上植生の分布は気候によって決められているとまではいえません．気候条件には適していても地形・土壌条件が合わないために成立しない植生もあります．しかし，植生にとって気候が強い制約条件になっていることは明らかです．

ケッペン（Köppen）の**気候区分**（Köppen 1918, 1928）は，気候をそれ自体の特徴によって区分しようとしたものではなく，**植生型**の地理的分布を説明する気候要因を，20世紀初めにデータが得られた気温と降水量の月ごとの平年値によって記述したものでした．なお，ここでいう植生型とは，陸上生態系を，主要な植物の生活形（木か草か，常緑か落葉か，など）によって分類したものです．陸域の生態系生態学でいう**バイオーム**（生物群系）（チェイピンほか 2018 の 1.6 節）に当たるものです．

気候区分 climate classification
植生型 vegetation type

植物の光合成による有機物生産量のうち，植物自体が呼吸・分解によって消費する分を除いたものを**純一次生産量**といいます．筆者は「net」を普通「正味」としますが，ここは植物生態学の習慣に従っておきます．この量も，気候に制約されています．

純一次生産量 net primary production

植生型や純一次生産量を制約する気候要因については，ケッペン以来，多くの人が研究してきました．筆者は，東京都立大学地理学教室在職中の 1992〜2000 年に，教科書的な文献で使われている気候要因の共通する特徴に着目して概念整理を試みました．残念ながらその後は研究を進めていませんが，これまでの到達点を 表 8.1 に示しました．その要点を述べると，次のようになります．

8.2 蒸発量とそのエネルギー要因・水分要因

陸上植物の純一次生産量は，陸面からの**蒸発量**[1]との対応がよいです．たとえば，Lieth and Box (1972) は，純一次生産量とソーンスウェイト (Thornthwaite, 1948) の方法による**蒸発散量**[2]との関連を示しました．蒸発には，土壌水分があることと，エネルギーが供給されることが必要です．両方が十分あると，純一次生産量が大きくなり，植生の**バイオマス**（有機物の質量のたまりの量）も大きくなり，森林が成り立ちます．**土壌水分**が乏しい乾燥した状況では，太陽放射などによるエネルギー供給が多くて温度が高くても，蒸発は小さいです．エネルギー供給が乏しく温度が低い状況では，土壌水分が十分あっても，蒸発は小さいです．いずれが乏しくても純一次生産量は小さくなりますが，植生の型は，乾燥の

蒸発散量 evapotranspiration

[1] ここでは，蒸散を蒸発と区別せず，蒸散量を含めたものを「蒸発量」と呼びます．ただし，ソーンスウェイトの用語を紹介するときは例外的に「蒸発散量」とします．

[2] ソーンスウェイトの方法による蒸発散量は，気温から求めた可能蒸発散量 (Thornthwaite 1948) と，降水量を用いて，土壌を想定した陸面水収支によって計算されます．その例は榧根（1989）にあります．

バイオマス biomass
土壌水分 soil moisture

場合は草原など，寒冷の場合はツンドラなどになります．植生の型を制約する要因としては，エネルギー要因と水分要因を分けて考えることが必要です．

水分要因の情報源として，ケッペンがこの問題を考え始めた20世紀初め頃に利用可能だったのは，降水量の観測値の月ごとの集計値でした．現在でも，土壌水分などの現場観測は，あまり多くの国で継続実施されておらず標準化もされていないので，降水量に頼ることが多いです．ところが，森林と草原の境は降水量と単純な関係にありません．ケッペンがすでに気づいていたように，同じ降水量のうちでは，気温が高いほうが森林は発達しにくいのです．ケッペンは，森林が成り立つ気候（ケッペンの大分類のA，C，D）と成り立たない気候（B）との境を，降水量と気温の一次関数との比較で決めました．水収支の考えに立てば，同じ降水量のもとで，気温が高いほうが（あるいは，地表面に供給されるエネルギーが多いほうが）蒸発量が多くなりやすいので，陸面が乾燥しやすいと考えられます．

そこで，水分要因として降水量をとるならば，エネルギー要因としては，「もし水分要因の制約がなかったら起こるはずの蒸発量」をとって，それと降水量の大小関係によって，乾燥による植生型の境を説明することができそうです．この量を**可能蒸発量**[3]と呼びます．可能蒸発量とは，だいたい，気温が実際と同じで，土壌がよく湿っていると仮定した場合の蒸発量と考えられますが，詳しい定義は研究者によって異なります．

可能蒸発量 potential evaporation

[3]「可能蒸発散量」と呼ぶ人もいますが，注1と同様に，とくにソーンスウェイトの方法をさす場合以外は「可能蒸発量」とします．

ケッペンの乾燥気候（B）とその他の気候との境を決めている気温の一次関数

表8.1　植生地理分布または光合成純生産（NPP）を制約する気候要因（学説を整理する試み）

著者	利用可能エネルギー・ 成長期の温度	利用可能水分 （エネルギーに相対的なもの）	冬の温度 （植物体内水分凍結）
Köppen (1918, 1928)	気温 （最寒月18℃，最暖月10℃など）	（乾燥限界を決める関数） 降水量/年平均気温の一次関数	気温(最寒月 −3℃)
Holdridge (1947, 1967) "Life Zones" （蜂の巣型ダイアグラム）	biotemperature （0℃未満を0℃に置きかえ平均） 可能蒸発量はこれに比例	aridity index ＝降水量/可能蒸発量	
川喜田 (1999) 吉良 (1949, 1971)	暖かさの指数 （5℃以上月積算気温）	乾湿度 ＝降水量/暖かさの指数の一次関数	寒さの指数 （5℃以下月積算気温）
Walter and Lieth (1967) 気候ダイアグラム Klimadiagramm	各月の気温	各月の降水量 （気温の一次関数との差）	
Lieth and Box (1972) Thornthwaite記念モデル (NPP)	可能蒸発散量 (Thornthwaite)	実蒸発散量 ←土壌水収支 ←{可能蒸発散量，降水量}	
Budyko (1971)（植生型の分布） 内嶋・清野 (1987) 筑後モデル (NPP)	正味放射	放射乾燥度 ＝正味放射/降水量	
Box (1981)	気温（最暖月，年較差）	moisture index ＝降水量/可能蒸発量 (Thornthwaite法)	気温（最寒月）
Sakai and Larcher (1987), 酒井 (2003)			最低気温
Woodward (1987) (Prentice et al. 1992の BIOMEも類似)	可能蒸発量(Penman-Monteith法)	葉面積指数 ←光合成・水収支 ←{可能蒸発量，降水量}	最低気温

は，可能蒸発量に相当するものと考えられます．Walter and Lieth（1967）は，月ごとの気温と降水量を同じ軸上に折れ線表示して，どちらが上になるかで乾湿を論じましたが，これも月ごとの気温の一次関数を可能蒸発量とみなしたものと考えられます．

第5章で述べた地表面熱収支に基づいて年平均の定常状態を考えれば，地表面での正味放射（下向きを正とする）が蒸発に伴う潜熱フラックスと顕熱フラックスとに分配されており，正味放射が潜熱フラックスの上限を決めているといえます．したがって，正味放射を可能蒸発量と考えることもできます．Budyko（1971）は，正味放射を降水量で割った（そして，水の単位質量当たりの蒸発の潜熱で無次元化した）値を**放射乾燥度**と呼び，これと正味放射との2つの軸の平面上に，植生型を位置づけました．この2軸は，可能蒸発量と降水量の比と，可能蒸発量と考えることができます．また，内嶋・清野（1987）の「筑後モデル」は，自然植生の純一次生産量を，この2つの軸の平面上に位置づけたものです．

放射乾燥度 radiative index of dryness

8.3 植物の生育可能な期間の温度

植生型の分布を制約する気候要因の考え方として，蒸発に注目するもののほかに，植物の生育可能な期間の温度に注目するものがあります．

そのうち日本でよく知られているのは**暖かさの指数**あるいは「温量指数」です．初出ではありませんが代表的文献として吉良（1949）があります．その発想の発端は川喜田（1999）に述べられています．これは，月平均気温が5℃以上の月について，5℃を超える部分だけを積算したものです．温度の積算に物理的意味はありませんが，植物の生育に利用可能なエネルギー要因の指標とみることができるでしょう．また，吉良は，大陸の植生を論じる際は「乾湿度」も使っていますが，それは降水量と暖かさの指数の一次関数との比です．

暖かさの指数 Warmth Index

南北アメリカで知られているものとして，Holdridge（1947，1967）の mean annual biotemperature があります．それは，月平均気温が0℃未満の月は0℃に置き換えたうえで年平均したものです．0℃をしきい値とした積算気温と似た性質の量です．そして，Holdridge は可能蒸発量がこの量に比例すると考え，可能蒸発量と降水量の大小関係を植生型の分布と関係づけました．

野上（1990，1994）は日本について，1km メッシュのデータを使って，植生を制約する気候条件を論じました．その過程で，気候の変数として，暖かさの指数と，ソーンスウェイトの可能蒸発散量を計算し，両者は，数値は異なるものの，分布がとてもよく似ていることに気づきました．

このようにみてくると，生育期間の温度条件に注目した指標と，可能蒸発量は，表現は違っても同じ要因だと考えられます．

8.4 冬の寒さ

植生型を制約する要因として，これまでに述べた，生育期のエネルギーあるいは温度の要因と，水分の要因に加えて，冬の寒さが重要です．とくに広葉樹林と針葉樹林の境はこれで決まっています．それは，植物にとっては体内の水が**凍結**することが致命的であり，針葉樹のほうが広葉樹よりも低温に耐えるのです．こ

凍結 freezing

の問題については，酒井 昭（Sakai and Larcher 1987；酒井 2003）による研究があります．

Box（1981）は，植生型を説明する多変量の統計的モデルの，気候に関する複数の変数のうちに，最寒月の気温を含めていました．筆者はその趣旨がよくわからなかったのですが，1990年頃，東京大学に所属していたBoxさんは，月平均気温ではなく本当の**最低気温**がほしいのだと言っていました．やはり凍結を重視していたようです．

最低気温　minimum temperature

Woodward（1987）は，光合成と蒸散が連動していることに注目した植生の予測型数値モデルによって，世界の植生型の分布を再現しようとしました．その計算の本段階では可能蒸発量と降水量が効いてきます．しかしその前段階として，凍結耐性を重視し，最低気温が効いてくると言っています．筆者はそれを読んで酒井の業績を知ったのでした．

2000年頃以後，気候の変化に伴う植生の変化の予測型シミュレーションには，だんだん複雑なモデルが使われるようになり，その反面として，モデルで起きることを因果関係の理屈を追って理解することはむずかしくなりました．しかし，多くの研究で参考にされている Prentice et al.（1992）のBIOMEモデルの考え方は，Woodward（1987）のものと似ています．

ケッペンは植生型の境を決める条件を，平年値の月平均気温と月降水量のデータで表現しようとしました．すでに述べた乾燥限界のほか，暖温帯（C）と冷温帯（D）の境となる「最寒月気温 −3℃」は，植物体内水分凍結にかかわる最低気温の条件を近似するものと考えられます．その他の区分についての検討はまだできていませんが，ケッペンの気候区分の式に出てくる数量は，それ自体に意味があるのではなく，もう少し直接的な気候要因の代理変数とみるのがよいと思います．

8.5　光や二酸化炭素の役割

なお，植生型の分布および純一次生産量に対する制約として，太陽放射のうちの**光合成**で使われ得る部分（**光合成有効放射**）も重要な要因に違いありません．しかし，野外の分布からは，光の役割と蒸発のエネルギー要因の役割とが区別できません．ただし，現在進行中の大気中二酸化炭素濃度の増大に伴って，光合成有効放射は増えませんが，下向き地球放射は増えており，正味放射もおそらく増えているので，両方の要因を区別することが重要になってくるでしょう．

光合成　photosynthesis
光合成有効放射　photosynthetically active radiation

同様に，**二酸化炭素濃度**も重要な要因のはずですが，野外の分布からは評価できません．

二酸化炭素濃度　concentration of carbon dioxide

今後，気候が変わるとともに植生がどう変化するかを考えるためには，これまでに観察された気候要因と植生の相関だけでなく，植物の生育のメカニズムに立ち入った検討が必要になるでしょう．

〔増田耕一〕

文　献

内嶋善兵衛・清野 豁 1987.『世界における自然植生の純一次生産力の分布』農業環境技術研究所・九州農業試験場.

榧根 勇 1989.『水と気象』朝倉書店.

川喜田二郎 1999.『環境と人間と文明と』古今書院.

吉良竜夫 1949.『日本の森林帯』日本森林技術協会. 再録：吉良竜夫 1971.『生態学からみた自然』99-132, 河出書房新社.

酒井 昭 2003.『植物の耐凍戦略』北海道大学図書刊行会.

野上道男 1990. 暖かさの指数と流域蒸発散量. 地学雑誌 99：682-694.

野上道男 1994. 森林植生帯分布の温度条件と潜在分布の推定. 地学雑誌 103：886-897.

矢澤大二 1989.『気候地域論考－その思潮と展開－』古今書院.

Box, E.O. 1981. *Macroclimate and plant forms*. Berlin: Springer-Verlag.

Budyko, M. I. 1971. *Climate and life*. Leningrad: Hydrometeorological Publishing.（in Russian）ブディコ, M. I. 著, 内嶋善兵衛・岩切 敏訳 1973.『気候と生命（上・下）』東京大学出版会.

チェイピン, F. S. III, マトソン, P. A. ヴィトーセク, P. M. 著, 加藤知道監訳 2018.『生態系生態学（第2版）』森北出版. Chapin, F. S. III, Matson, P. A. and Vitousek, P. M., 2011. *Principles of terrestrial ecosystem ecology*. New York: Springer-Ferlag.

Emanuel, W. R., Shugart, H. H. and Stevenson, M. P. 1985. Climatic change and the broad-scale distribution of terrestrial ecosystem complexes. *Climatic Change* 7: 29-43.

Holdridge, L. R. 1947. Determination of world plant formations from simple climatic data. *Science* 105: 367-368.

Holdridge, L. R. 1967. *Life zone ecology*. San Jose, Costa Rica: Tropical Science Center.（未見, Emanuel et al. 1985 で引用）

Köppen, W. 1918. Klassifikation der Klimate nach Temperatur, Niederschlag und Jahresablauf. *Petermanns Geographische Mitteilungen* 64: 193-203, 243-248.

Köppen, W. 1928. Die Schwankungen der jährlichen Regenmenge. *Meteorologische Zeitschrift* 45: 281-291.（未見, 矢澤 1989 で引用）

Lieth, H. 1975. Modeling the primary productivity of the world. In *Primary productivity of the biosphere*. ed. H. Lieth and R. H. Whittaker, 237-263. Berlin: Springer-Verlag.

Lieth, H. and Box, E. O. 1972. Evapotranspiration and primary productivity. *Publications in Climatology* 25(2)：37-46.（未見, Lieth 1975 で引用）

Prentice, I. C., Cramer, W., Harrison, S. P., Leemans, R., Monserud, R.A. and Solomon, A.M. 1992. A global biome model based on plant physiology and dominance, soil properties and climate. *Journal of Biogeography* 19: 117-134.

Sakai, A. and Larcher, W. 1987. *Frost survival of plants: Responses and adaptation to freezing stress*. Berlin: Springer-Verlag.

Thornthwaite, C. W. 1948. An approach toward a rational classification of climate. *Geographical Review* 38: 55-94.

Walter, H. and Lieth, H. 1967. *Klimadiagramm-Weltatlas*. Jena: Gustav Fischer-Verlag.

Woodward, F. I. 1987. *Climate and plant distribution*. Cambridge: Cambridge University Press. ウッドワード, F. I. 著, 内嶋善兵衛訳 1993.『植生分布と環境変化』古今書院.

地球温暖化に伴って植生はどう変わるだろうか？

地球温暖化に伴って植生がどう変わるかは，第９章の話題でもありますが，ここでは第８章の話題をふまえて大まかに考えてみます．

地上気温は高くなるので，冬の寒さあるいは蒸発のエネルギー要因が制約となって生育できなかった種類の生物が分布をひろげることができるでしょう．森林は，高緯度のほうへ，また標高の高いほうへ，拡大できる可能性があります．

ただし，実際に気候に応答するのは，それぞれの生物種（しゅ）です．植物が，その生育に適した気候になった場所に，実際に種（たね）を広めることができるとはかぎりませんし，できるとしても，年単位，ときには十年単位の時間がかかるでしょう．また，あらたに生育可能になった種類と既存の種類とのあいだには競争が起こるでしょう．生態系が，複雑な変化をへて，どのような構成になるかは，むずかしい問題です．

他方，陸上では気温上昇にともなって可能蒸発量はどこでも増えますが，降水量はどこかに集中して増えると予想されるので,大陸のうちの多くの地域で「降水量 / 可能蒸発量」の比が減り，土壌水分量も，河川流出量も，減ることが予想されます．そこではおそらく，森林から草原へ，草原から砂漠への，植生の衰退が起こるでしょう．

ただし，同時に大気中の二酸化炭素濃度も増加しているならば，葉の気孔の開きかたを小さくして，光合成量を維持しながら蒸散を減らすことができるので，いくらかの乾燥化には適応して生き残れる場合もあるかもしれません．

（増田耕一）

9 大気や水の循環に果たす植生の役割

たとえば地球の気候が温暖化すれば，北方の植生はより成長するかもしれません．すると，その植生が大気の成分を変化させることでまた大気の温度環境が変化します．このように大気と植生は互いに影響を与え合っており，これを「**相互作用**」と呼びます．

地球の大気の変動，水やエネルギーの循環を深く理解するには，植生の存在を無視することはできません．この章では，森林域を中心に考えながら，植生と大気の相互作用のメカニズムについてまとめます．

9.1 植生が大気と交換している物質

山歩きをしていて，ふと山道沿いにある看板をみていると水源涵養保安林という言葉を目にすることがあります．水源涵養保安林とは，河川への流量調節にとって重要と判断される森林を，都道府県知事や農林水産大臣が指定し，土地の改変や伐採を規制しているものです．「森が水を育む」「森林は緑のダム」といったキャッチフレーズは，おそらく多くの人が小さい頃から耳にしたことがあるでしょう．

一方，気候変動への懸念が高まる昨今，その要因とされる温室効果ガスの人為的な排出には，化石燃料の燃焼だけでなく，森林の伐採や農地開発による CO_2 の排出量の増加が10～20%ほどかかわっていることが報告されています（**IPCC第5次評価報告書** 第1章：Cubasch et al. 2013）．同時に，大気中に増加する CO_2 の吸収源として植生を評価する動きも社会で進んでいます[1]．このように，植生が大気や水の循環に果たしている役割への社会的関心は，近年高まっています．また，その役割の大きさを定量的に把握することが求められています．

植生が大気と交換している物質は，大きく「水」と「二酸化炭素」に分けて考えることができます．そこで，この節では話をわかりやすくするために，植生の中でも「**森林**」[2] をおもに考えながら，この2つのやりとりと，それらを定量的に把握する方法についてまとめていきます．

9.1.1 水と植生

水循環における植生の役割を把握するには，植生を伐採したり，間伐（森林内に光を入れるために樹木を間引きすること）したりしたときの，水収支の変化を観測するのが最もシンプルな方法でしょう．

Bosch and Hewlett（1982）は，この発想から，世界中にある94の流域での観測結果をもとに，全流域面積に対する森林伐採面積の割合（伐採面積率）と，それによって河川から流出する水量がどのように変化したかの関係を整理しています．図9.1はこの論文に記載されたデータをもとに，筆者が作成したものです．

この図の縦軸は，森林の伐採による**流出量**の増加（mm/年）をその流域の平均流出量（mm/年）で割り，%に直した値を示しています．図9.1より，森林

相互作用　interaction

IPCC第5次評価報告書　Fifth assessment report of Intergovernmental Panel on Climate Change

[1] 1997年，京都議定書が採択され，その中で**新規植林**（afforestation），**再植林**（reforestation），**森林減少**（deforestation）の，いわゆるARD活動と呼ばれる土地利用変化および林業活動が，CO_2 排出活動・吸収活動として評価されることが明記されました．現在政府が示している「温室効果ガス削減目標」にも森林による CO_2 吸収量が含まれており，企業などが植林活動を行った際，そのことによる削減量の定量的な認証を自治体が行っているケースもあります．

森林　forest

[2] この章における「森林」とは，樹冠（幹や枝の周囲に葉が生い茂った部分）が存在する上層部と林床部に分かれ，上層部である程度光や水が遮断される構造のある植生を想定しています．樹種や立木密度（単位面積当たりに存在する樹木の本数）によって森林の構造は大きく異なり，それに伴って光や水の動態も変わってきます．また，草原や荒原の植生では光も水も地面に直達するため，森林とは異なる考え方をする必要があります．

流出量　runoff

を伐採するとどんなタイプの森林であったとしても河川流出量が増加していることがわかります．これは，森林がなくなったことにより，水収支式（式(7.1)）における**蒸発散量**（第7章の注参照）が少なくなったためです．

式（7.1）で説明されたように，水収支式には，降水量・流出量・蒸発散量・流域貯留量が項目として含まれます．このうち流域貯留量は1年間を平均すれば変化が小さいと考えられるので，単純に「年降水量」から「年流出量」を引いた値を「年蒸発散量」と考えることができます．このようにして年蒸発散量を求める方法を**流域水収支法**と呼びます．流域水収支法によって計測された年蒸発散量は，日本においても各大学の演習林や森林総合研究所の試験地を中心に，数十年のデータ蓄積がされています．

流域水収支法　water balance method of the basin

図9.2には，森林に雨が降ったときの水の詳細な動きについてまとめました．流域水収支法で求められる「蒸発散量」とは，この図におけるXの量からYの量を引いたもので，図の（a）～（c）の量をすべてまとめたものです．

昨今では，幹の中の道管を流れる水量を計測して蒸散量を推定する**樹液流計測法**という観測の方法も確立しています（篠原ほか 2013）．また，温湿度計と超音

樹液流計測法　sap flow technique

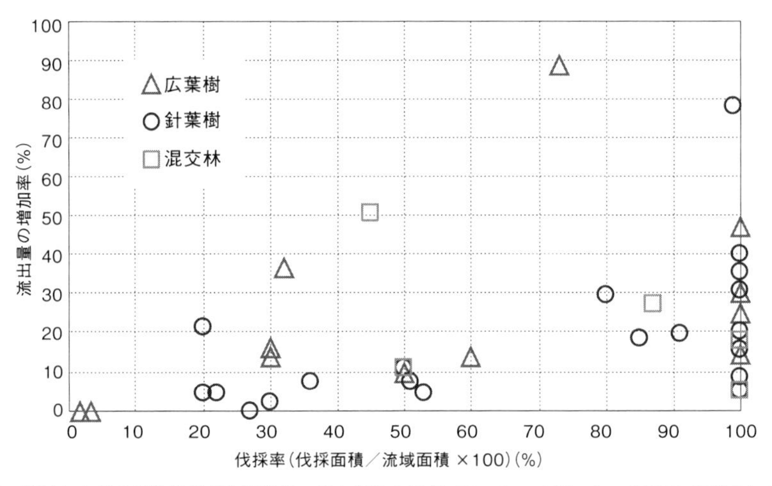

図9.1　流域における森林伐採率と流出量の増加率との関係（Bosch and Hewlett 1982に記載されたデータをもとに作成）

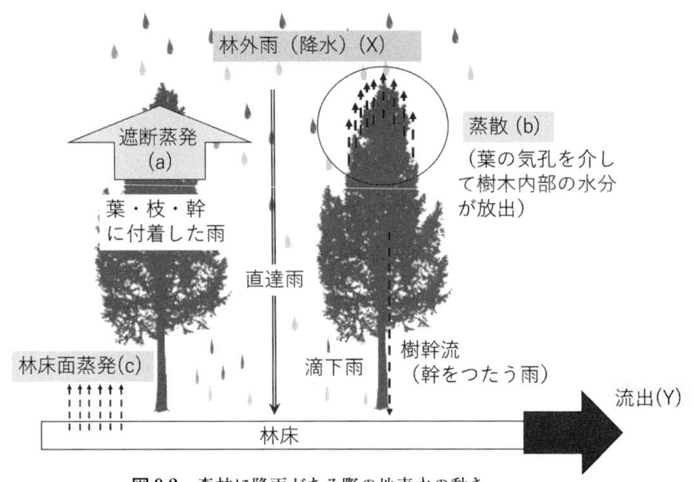

図9.2　森林に降雨がある際の地表水の動き

波風速計を用いて森林上の空気の乱流による水蒸気の輸送をとらえ，直接どの程度の水蒸気がやりとりされているかを計測する**フラックス観測**についても，測器やロガーの発展とともに観測データの蓄積がなされるようになりました（フラックスの概念については第5章を参照）．

フラックス観測 flux measurement

流域水収支法で得られるデータに比べ，樹液流計測やフラックス観測で得られるデータは，(a) **遮断蒸発量**や (b) **蒸散量**，(c) 林床からの蒸発量を分けて計測できるため，植生域における詳細な水の動態を明らかにできます．一方で，測器やその電力確保にコストが必要なほか，複雑な地形下の斜面林の場合，とくに乱流観測に基づくフラックス観測では誤差要因が多いことも知られています．そこで，この「樹液流観測やフラックス観測で得られるデータ」と「流域水収支法で得られるデータ」を協働させて，水循環における森林の役割を詳細に明らかにしようとする試みがされています（たとえば Komatsu et al. 2007）．

遮断蒸発量 interception loss
蒸散量 transpiration

遮断蒸発量や蒸散量は，樹種や立木密度，樹高などの森林の条件によってもちろん影響を受けます．たとえば，立木密度が大きければ，雨の遮断率は上がりますし，葉が多いわけですから蒸散量も大きくなります．一方で，その地域への降雪の有無や，降水特性によっても，森林が水循環に与える影響は変化します．いくつかの先行研究では，広葉樹林よりも針葉樹林のほうが，年蒸発散量が多いことが報告されています（たとえば Swank and Douglass 1974）．一方で Komatsu et al. (2007) は，日本の無雪地域においては，それは必ずしも成り立たないと報告しています．水循環における森林の役割を定量的に把握するために，各地域における森林の蒸発散量を推定するモデルを作成するための試みと，その検証や新たな知見を得るための観測が，今も世界中の研究者によって行われているのです．

9.1.2 二酸化炭素と植生

次に，植生と大気の**二酸化炭素**（CO_2）の交換に注目してみましょう．地球温暖化が叫ばれている今日，CO_2 の吸収源として植生を評価する動きがあります．それでは植生が CO_2 を吸収した量はどのように測定するのでしょうか？

多くの場合，この CO_2 吸収量を知るためには，まず植生の炭素蓄積量の変化を測定します．いうまでもなく，植物は**光合成**によって成長します．光合成は，以下の化学式で表すことができます．

$$12H_2O + 6CO_2 \rightarrow 6O_2 + 6H_2O + C_6H_{12}O_6 \tag{9.1}$$

植物にとってみれば，このグルコース（$C_6H_{12}O_6$）をつくることが目的であり，O_2 は不要なので空気中に排出しているのです．つまり，光合成とは大気中から植物が二酸化炭素を取り込んで自分の身体の一部とする作用（炭酸同化作用）であるということもできます．逆に**呼吸**とは体内の有機物を燃焼させてエネルギーを得る作用です．このため，その燃えカスとして CO_2 が大気中に放出されます．

呼吸 respiration

光合成によって吸収している炭素量と，呼吸によって損失する炭素量がつり合っていれば，植物は成長しません．つまり平衡状態となります．森林の場合，もう十分に成長して平衡状態となり，材積がそれ以上増えていかない森林を壮齢林，それ以前の材積がどんどん増えていく段階の森林を若齢林と呼びます．

植生がある期間に吸収した炭素の量（炭素蓄積量）：C_{total}（t C/ha：1ヘクタール当たりの炭素蓄積量（トン））は，植生のバイオマスの変化量：B_{total}（t dm/ha：1ヘクタール当たりの乾燥重量（dry matter，トン））に**炭素含有率**：CFを乗ずることで求めることができます．炭素含有率は植物の場合0.5で計算することが多いです（Penman et al. 2003）．さらに，炭素蓄積量に，44/12（CO_2の分子量 / 炭素の原子量）を乗ずれば，CO_2の吸収量：CO_{2total}を算出することができます．このことを式に表すと以下のようになります．

炭素含有率　CF：Carbon Fraction of dry matter

$$CO_{2total}\ (t/ha) = B_{total}(t\ dm/ha) \times CF \times 44/12 \quad (9.2)$$

バイオマス（生物資源量）は，直接的にはその植物を乾燥機で長時間乾燥させて，水分をすべて取り除くことで測定します[3]．しかし，すべての植生に対してそれを行うわけにはいきません．そもそもその植生を破壊して測定してしまっては変化量など求めることはできません．そこで，**相対成長**の関係式（生物体におけるある部分と全体，もしくは部分間の成長量の関係を式にしたもの）を用いて，バイオマスを推定します．これを相対成長式やアロメトリー式と呼び，以下の式で表されます（Huxley and Teissier 1932）．

相対成長　allometry

[3] 生物体には多くの水分が含まれているため，その重量は水分の含有量に大きく左右されます．そのため，特定地域に生息する単位面積当たりの生物資源量（バイオマス）を比較するには，水分をすべて抜いた重量（乾燥重量）を明らかにする必要があります．長谷川ほか（2006）では，恒温機を用いてサンプルを85℃で最低2日以上乾燥させ，24時間当たりの重量の変動が0.1g未満になるまで乾燥を続けることで，植物の種ごとに水分を含んだ重量と乾燥重量の比を出しました．そして植生全体のバイオマスを算出しました．

$$y = b \times x^a \quad (9.3)$$

この式において，xとyは生物体の中の任意の成長器官の量を示すパラメータであり，bを始原成長指数，aを相対成長係数と呼びます．数学的に考えれば，xが1のときのyの値が始原成長指数（b）となります．たとえば，人間も身長の成長に合わせて腕の長さや足の長さが変化します．腕の長さをx，身長をyとして関係式を作れば，式（9.3）は腕の長さから身長を求める推定式となるわけです．

森林の場合で考えれば，xやyには，樹高・樹冠直径・幹の直径などのパラメータが入ります．そしてバイオマスを求めるときには，一般的に根元からの高さが1.2〜1.3 mほどの幹の直径（**胸高直径**）と，葉・枝・幹それぞれのバイオマスとの関係式を統計的に求めてそれを推定式とします．

胸高直径　DBH; Diameter at Breast Height

$$Biomass = b \times DBH^a \quad (9.4)$$

さらに精度よく求めたいときには，DBHのかわりに，DBHの2乗に樹高を乗じた値や，その値にさらに材密度をかけた値を，式（9.3）のxとして用いる場合もあります．あとは，1ヘクタール当たりのDBHの合計を調査すれば，1ヘクタール当たりのバイオマスを求められるわけです．

アロメトリー式は，樹種ごとにサンプル木をいくつか選定し，調査して作成されるものです．今までも数多くの研究者によってこのアロメトリー式がつくられ，データの蓄積がなされてきました．しかしながら，材積を求めるアロメトリー式はその必要性から数多く存在するものの，葉や枝のバイオマスや地下バイオマス（根）を求めるためのアロメトリー式はそこまでのデータの蓄積がありません．また，材にならないような低木なども，同じく汎用的なアロメトリー式が存在しないことが多いです．そのため，広域に炭素蓄積量を推定するために，自らその

アロメトリー式　allometric equation

地域でサンプル木を選定して抜倒調査を行い，樹種ごとに各部位のバイオマスを推定するためのアロメトリー式を作成した研究もみられます．筆者は，カナダ北西部で山火事後の遷移段階ごとの植生を対象に，自らこのアロメトリー式を作って葉量バイオマスを調査した経験がありますが，その労力は多大なものです（長谷川ほか 2006）．

さて，ここまでバイオマスの調査から森林と大気における CO_2 の交換量を推定する話をしてきました．一方で近年，水蒸気と同様にフラックス観測によって植生全体の CO_2 の交換量を測定する試みもなされています．**CO_2 フラックス**とは，各植物の光合成による CO_2 吸収量の合計 P と，生態系の呼吸量 R_{eco} との収支であり，以下の式で表されます．

CO_2 フラックス　CO_2 flux

$$fCO_2 = -P + R_{\mathrm{eco}} \tag{9.5}$$

通常 fCO_2 や R_{eco} の符号は，上向きの流れ（放出）をプラスで表し，下向きの流れ（吸収）をマイナスで表します．また P は植物が光合成で CO_2 を吸収する場合にプラスの値となります．R_{eco} には，土壌中の微生物による落ち葉などの有機物の分解量と根や幹・枝葉などの植物体による呼吸量が双方含まれます[4]．

[4] 植物が光合成によって CO_2 を吸収し，植物に固定される炭素の量（生産される有機物の量）を，**総一次生産量**（GPP；Gross Primary Production）と呼びます．このGPPから，植物の呼吸による炭素損失量を差し引いたものが，**純一次生産量**です（第8章参照）．9.1.2項で解説したバイオマスの変化の測定から求められる値は，おおよそこのNPPです．一方，植生全体の CO_2 収支を考えるときには，さらに土壌中の**微生物による有機物の分解量**（HR;Heterotrophic Respiration）を考慮する必要があります．NPPからこのHRの値を引いた値を，**生態系純生産量**（NEP;Net Ecosystem Production）と呼びます．森林上の観測タワーなどで，乱流の測定から CO_2 フラックスを観測する場合，このNEPの値が得られると考えられます．

1990年代には，北米でBOREAS：Boreal Ecosystem-Atmosphere Study（Sellers et al. 1995）というプロジェクトが行われ，CO_2 フラックスの通年観測がされました．また，ヨーロッパではEUROFLUX（Aubinet et al. 1999）が活動を開始し，18のサイトで CO_2 フラックスの長期観測が始まりました．さらに，1990年代後半にはアメリカを中心にAmeriFlux（Novick et al. 2018）というフラックス長期観測のネットワークが設立され，日本では1999年にAsiaFlux（Ichii et al. 2013）が発足しました．

Valentini et al.（2000）は，EUROFLUXにおける1996〜1998年の15のサイトの観測結果から，「森林生態系における CO_2 吸収量には土壌呼吸量の違いが大きく影響している」，と結論づけています．土壌呼吸とは，式（9.5）中の R_{eco} のうち，微生物による有機物の分解と植物の根による呼吸によって，CO_2 が大気中に戻る作用のことをいいます．このような結果は，植物のバイオマスの変化から CO_2 吸収量を把握していただけではわからないものです．

しかしながら，森林において CO_2 フラックスを計測するためには，一様な植生の中に高いタワーを立て，高度ごとの空気の流れ（乱流）と CO_2 の濃度変化を，超音波風速計や CO_2 濃度の測定器を用いて測定しなくてはなりません．これには大型の設備と高価な測器が必要になります．モニタリング拠点としてこのような観測が可能なタワーを整備することは大事なことです．一方で面的な調査を進めていく必要があり，そのためには上述したようなバイオマスの調査もまた必須のものなのです．

9.2　植生－大気間における物質の交換量を広域に推定するために

9.1節では，水と CO_2 の交換量を，ある地点でどのように定量的に把握するかについて説明しました．ところで，地域スケールや全球スケールでの大気や水の循環に植生が果たす役割を把握するためには，この地点データを基準にしながら，広域の面データを作成する必要があります．そこで必要になってくるのが，①地球観測衛星や航空機などから取得される**リモートセンシング**（遠隔探査）データと，②そこから推定される植生の情報をインプットデータとして，光合成量や蒸発散量を推定するモデルです．

リモートセンシング　remote sensing

9.1 節で紹介したような多くの森林における観測研究により，光合成量や蒸発散量を推定するさまざまなモデルが開発されてきました．そして，それらの多くのモデルにおいて必要とされている植生のパラメータが，葉面積指数です．

葉面積指数　LAI; Leaf Area Index

葉面積指数（LAI）は，単位面積当たりに存在する葉の半表面積の合計（m^2/m^2）と定義されます．つまりは，ある植生において葉を全部落として均一に敷き詰めたときに，何枚の葉が平均的に重なるかを示した数値だと解釈してもらってよいと思います．植物は葉の気孔を介して水やCO_2を大気と交換します．また，森林に雨が降ればその多くは葉に付着し，そこから蒸発します．そのため，蒸発散量や光合成量を求めるためには，葉の表面積の量を示す指標が大事になってくるわけです．

LAI を現地で把握するにはいくつかの方法があります．1つは，9.1.2 項で説明したアロメトリー式を用いて葉量バイオマスを求め，葉量バイオマスと葉面積との関係式から，ある領域の葉面積の総計を求める方法です．これを**直接推定法**と呼びます．一方で，直接推定法をすべての植生で実施することは困難なため，植生内の光環境を光学測器やデジタル画像を使って測定し，その植生の LAI を推定する方法があります．これを**間接推定法**と呼びます．

直接推定法　direct measurement

間接推定法　indirect measurement

間接推定法の基本原理となっているのは，ランダムにブラックな（光を完全に吸収する）葉が分布する空間では，植物群落内の光は指数関数的に減少するというものです（式（9.6））．

$$\tau(\theta) = \exp(-K(\theta) \times LAI) \quad (9.6)$$

ここで，$\tau(\theta)$は植物群落内を透過するある天頂角θからの入射光の割合を示し，Kは群落吸光係数を示します．群落吸光係数とは，葉が地表面に対して水平に分布していないために，ある天頂角θから光が差したときに実際の葉面積と地表に投影される面積との違いが生まれる，その割合を示します．このような原理で，林内と林外の光環境を測定から LAI を推定する光学測器に LAI-2000（LI-COR 社製）というものがあります（図 9.3）[5]．

（測器の様子）

（林内）

（林外）

図 9.3　LAI を地上で測定する光学測器：LAI-2000（LI-COR 社製）

一方で，リモートセンシングデータからLAIを推定するためには，**NDVI**と呼ばれる指標がよく使われてきました．NDVIは，以下の式で計算できます．

$$NDVI=\left(\frac{NIR-RED}{NIR+RED}\right) \quad (9.7)$$

ここでNIRは近赤外域の反射率を示し，REDは赤域の反射率を示します．植生は，可視光線のうち赤域の波長の光をよく吸収し光合成を行います．一方，近赤外域の光に対しては，葉温が上がりすぎることを防ぐために反射率が高くなります．つまりは，式（9.7）の分子である近赤外域と可視域（赤）の反射率の差が大きいほど，植物が多く存在するというシグナルとなるわけです．式（9.7）で得られたNDVIは植生の分布や成長と関係が深くなります（Sellers 1985）．Sellers et al.（1996）では，各植生帯ごとのNDVIとLAIの関係式を用いて，全球のLAIの把握が行われました．そして，気候変動予測のための**全球気候モデル**（GCM）の基礎データとして，その植生の情報が使われました．しかしながら，このようにしてNDVIから得られたLAIは，しばしば現地で計測されたLAIの値とは一致しないことがわかっています（長谷川ほか 2013）．

図9.4は，熊本県阿蘇の7地点のスギ林で，NDVIから得られたLAIと，光学測器（LAI-2000，図9.3）によって現地で測定されたLAI，そして，アロメトリー式で得られたLAIを比較した結果です．これらが必ずしも整合しないことがわかるでしょう．式（9.6）で説明したように，光学測器からのLAIの推定原理では，葉がランダムに分布していることを想定しています．しかし実際には植物群落の構造は複雑で，多層化していることもあります．また，日本のように斜面林が多い場合，斜面の影響も加味しなければなりません．これらが誤差要因になりえることに留意しておく必要があります．

現在も多くの研究者によって，リモートセンシングデータに基づいてLAIをより正確に推定するための研究が行われています．最近では，多方向から地表を

[5] 図9.3のように森林においてLAI-2000を使用してLAIを推定した場合，植物群落に存在する葉だけでなく，枝や幹による光の減衰も測定することになります．このため，この観測方法によって得られる推定値は，厳密にはLAIではなく，枝や幹の影響も含んだ値であるPAI（Plant Area Index）となります．落葉樹では落葉後のPAIを測定することで，葉による光の減衰のみを測定することが可能です．一方，常緑樹ではそれがかなわないため，光学測器で得られるLAIの間接推定値は「LAI」ではなく，「Le, effective LAI」と表記するのが正しいです．詳細は長谷川ほか（2013）を参照してください．

NDVI Normalized Differential Vegetation Index

全球気候モデル GCM; Global Climate Model

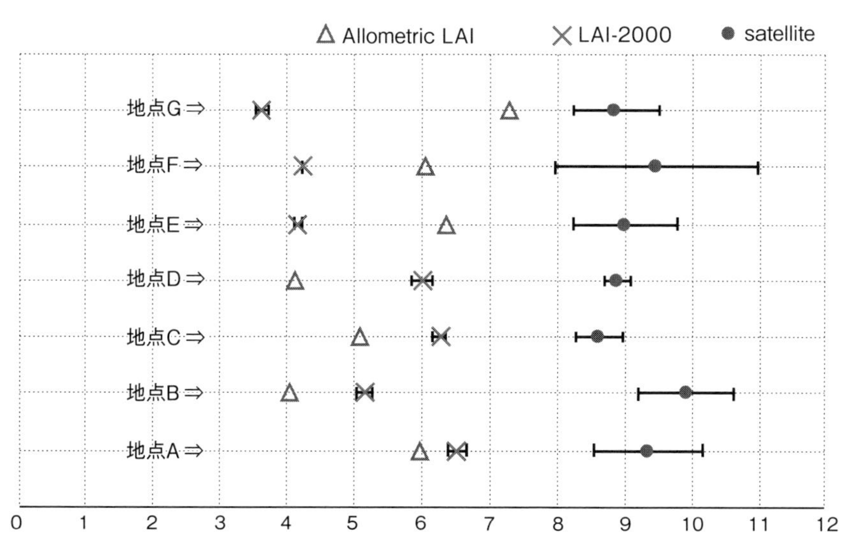

図9.4 衛星データ（NDVI）から推定されたLAIと地上で観測されたLAIとの比較
長谷川ほか（2013）の図3をもとに作成．ただし，アロメトリー式を用いたLAIの算出には，Hosoda and Iehara（2010）の式を用いた．間接推定値のエラーバーは標準偏差を示す．

放射観測したデータや，レーザー測距データなど，新たな種類のリモートセンシングデータを用いて，LAIを推定しようとする研究も出てきています（たとえば Hasegawa et al. 2010）．これらは，植生が大気と水の循環に与える影響を明らかにするうえで，その基礎データをより正しく推定するための研究といえます．

光合成モデル　photosynthesis model
蒸発散モデル　evapotranspiration model

一方で，**光合成モデル**や**蒸発散モデル**も，観測データの蓄積やコンピュータの高精度化とともに複雑化し，パラメータも多様化してきています．図9.5に，間接推定法（LAI-2000）から求めたLAIがほぼ同じスギ林とカラマツ林において，林床から撮影した全天写真を示します．この2つの森林はLAIが同じだったとしても，葉の構造も異なれば，樹冠の構造（幹のまわりへの枝 / 葉の集中の仕方・枝のはり方など）も異なります．このため，図9.2に示されたような水循環に与える影響も異なってくることは，容易に想像がつくでしょう．

そこで近年，LAIとはまた別の，clumping indexという植生パラメータを衛星から広域に推定し，そのパラメータを用いて光合成量を精度よく推定しようとする研究がされています．clumping indexとは，幹のまわりへの葉の集中度と林内の葉の分布の非一様性を示す指標です．この指標は，林内で放射観測を行い，樹冠と樹冠の間より差し込む光を計測することにより求められ，0～1の値をとります（Chen and Cihlar 1995a. b）．

clumping indexは，森林内における日向葉と日陰葉の割合と相関があります．そのため，日向葉と日陰葉の光合成量の違いを考慮した光合成モデル（two-leaf model，もしくはsunlit/shaded leaf modelと呼ばれています）において重要な情報となるわけです（Chen et al. 2003）．

このほかにも，植生の物質交換には，水ストレスや葉温などが影響を与えます．これらを中間赤外域や熱赤外域の波長域の放射観測によって，リモートセンシングしようとする試みもあります．より高精度な蒸発散量・光合成量の把握のためには，このようなリモートセンシング技術の発展と，そこから推定される情報に基づいて光合成量や蒸発散量を算出する，数理モデルが必要なのです．

9.3　気候変動と植生

この章の冒頭で述べたように，森林の機能への社会的関心の高まりの背景には，気候変動に対する懸念があります．将来の気候の予測は全球気候モデル（GCM）

(a)

(b)
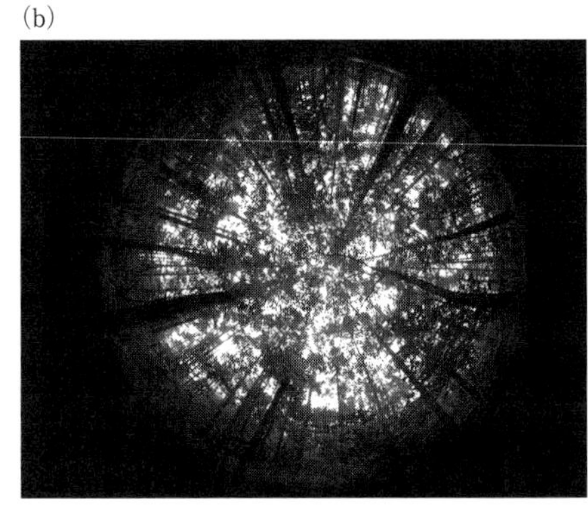

図9.5　LAI（LAI-2000の測定値）が同程度（4～5）の（a）スギ林と（b）カラマツ林の全天写真

によって行われます．そしてGCMには，**陸面モデル**（LSM）が組み込まれています．LSMとは，陸面との摩擦による大気の運動の変化や，陸面による太陽放射の反射量，陸面が大気をどのくらい直接暖めるか（顕熱輸送量），どのくらいの蒸発や植生からの蒸散があるか（潜熱輸送量）といったことを知るためのモデルです．そして，そのサブモデルとして，光合成量・蒸発散量などを算出するモデルがあります．

陸面モデル LSM; Land Surface Model

従来この植生サブモデルは，気候が変化しても植生の分布は変化しないことを前提とした静的なモデルが使用されていました．しかし実際は，植生と気候は相互作用し，気候条件の変化とともにその潜在植生の分布も変化します．そこで近年，気候の変化に伴う植生の分布や構造の変化を予測し，それに伴う大気への影響の変化を予測していくという，**動的植生モデル**（DGVM）が開発され，GCMに統合する試みがなされています（たとえばBonan et al. 2003）．

動的植生モデル DGVM; Dynamic Global Vegetation Model

それでは植生の存在は，近年懸念されている地球の気候変動に対して，変化を加速させる正のフィードバックをもたらすのでしょうか？ 変化を抑制する負のフィードバックをもたらすのでしょうか？ 第3章で説明されたように，**気候フィードバック**とは，地球の気候の変化に対して陸面・海域・大気が変化し，その変化が気候の変化を加速させたり，抑制したりする機構のことをいいます．植生の光合成量は，温度やCO_2濃度，水分条件に影響されます．よって気候変動が起これば，当然何らかの植生による気候フィードバックが起こるはずです．

気候フィードバック climate feedback

植生による気候フィードバックを定量的に明らかにするために，GCMを用いてコンピュータ上で土地被覆や大気の条件を変更することによる，予測実験が行われています．このような実験のことを**気候感度実験**といいます．現在もGCMは日々試行錯誤によって改良されていますので，この気候感度実験の結果も数多く存在します．ここではいくつかの研究成果を紹介しましょう．

気候感度実験 equilibrium climate sensitivity study

Betts et al.（1997）では，まず全球において二酸化炭素濃度が2倍になった場合の植物の**生理学的な変化**と，LAIなどの植生の**構造的な変化**を予測しました．そして，その変化した植生の下でGCMを動かし，どのような影響があるのかを検証しました．その結果は大変興味深いものです．

生理学的な変化 physiological response
構造的な変化 structural response

生理学的な変化とは，たとえば**光合成速度**や気孔の開き度合（**気孔開度**）などを指します．一般的に高CO_2濃度下では，光合成速度は増加しますが，気孔開度は下がります．つまり気孔が閉じるわけです．これは，高CO_2濃度下では，気孔を大きく開かなくても十分なCO_2を取り込めるからであり，これによって植物は水の損失をおさえることができます．水循環の観点で考えれば，植物からの蒸散量は減ることになります．Betts et al.（1997）の結果でも，とくに熱帯雨林で，顕著な蒸散量の減少がみられました．

光合成速度 photosynthetic rate
気孔開度 stomatal aperture

一方で，高緯度地域においては，最終的に蒸散量が増えるという結果が出ました．この理由はLAIの増加によるものです．シミュレーションの結果，高CO_2濃度下では，とくに高緯度地域において植物は成長しLAIは増加しました．これは，先述した生理的な変化によって，光合成速度と**水利用効率**が増加したためであると考えられます．水利用効率とは，光合成の際のCO_2吸収量（またはバイオマス）の蒸散量に対する比（mol CO_2/mol H_2O）のことをいいます．水利用

水利用効率 water use efficiency

効率が高いということは，少ない水の損失で十分な光合成を行えることを指します．

1つ1つの葉の気孔は，CO_2濃度が高まったことによって閉じたとしても，そもそもの葉の面積が増えれば，植生全体からの蒸散量は増えます．この研究の結果から，熱帯雨林と亜寒帯林のように地域が異なると，CO_2濃度の変化に対する植生のフィードバックも変わってくるといえます．

Costa and Foley（2000）は，アマゾン地域の熱帯雨林について，熱帯雨林（LAI＝4.6～6.0）をすべて草原（LAI＝2.7）に変換し，かつCO_2濃度を2倍にした場合の感度実験を，GCMを用いて行いました．結果，アマゾン地域の降水量は1日当たり0.42 mm減少し，気温は3.5℃上昇しました．これは，先述した生理学的な変化によって気孔が閉じたことと，植生が森林から草原に変化したことで蒸散量が大きく低下したためであると考えられます．蒸散量の低下は，地上から水分が蒸発する際に奪われる熱（潜熱）量の低下を招くため，地上の気温が上昇するわけです．森林を伐採すると，地表面反射率は増加するため太陽放射の吸収量は減少します．しかし，それ以上にこの蒸散量の減少に伴う蒸発散量の減少は，地上から奪われる潜熱の減少につながり，地上の気温を上昇させたというわけです．

一方で，亜寒帯林については全く違う実験結果が得られています．Ganopolski et al.（2001）は，CLIMBER-2というGCMを用いて，この感度実験を行いました．その中で，亜寒帯林（北緯40°以上）をすべて裸地に変えて，シミュレーションを行っています．その結果，北緯60°付近の陸域では，降水量については先ほどの熱帯雨林の結果と同じく1日当たり0.2～0.4 mmほどの減少がみられました．これは土地被覆が森林から裸地になったことで蒸発散量が減少したためです．ところが，気温に関しては熱帯雨林とは逆に，2～3℃ほど温度が低下するという結果が得られました．これは，亜寒帯林では森林がなくなったことにより冬季に雪面が露出するため，地表面反射率が著しく上昇する（太陽放射の吸収量が少なくなる）ためです．地表からの潜熱の放出が減った影響よりも，この反射率が上昇した影響のほうが大きく出たわけです．この結果は近年，より地域スケールの気候予測に適した領域気象モデルの1つであるWRF（Weather Research and Forecasting model）を用いた感度実験においても支持されています（Li et al. 2013）．なお，Ganopolski et al.（2001）では同じGCMを用いて，熱帯雨林（南緯20°～北緯20°）を裸地に変化させた場合の感度実験が行われています．こちらの実験では緯度10°付近で0.5℃程度の温度の上昇がみられました．

土地被覆　land cover

最後に，全球の**土地被覆**を改変して気候感度実験を行ったYasunari et al.（2006）について紹介します．この研究では，東経30°より東側のユーラシア大陸の地形と，全球の土地被覆を改変し，大気大循環モデルを用いて4つのパターンの実験を行いました．4つのパターンとは，(a) ユーラシア大陸東部を平らな地形にし，さらに全球の表面を植生のない厚さ1 cmの保水性のある土壌とし，反射率は砂漠と同等とした場合（NMR），(b) 土地被覆条件はNMRと同じであるが，実際の地形を再現した場合（MR），(c) さらに保水土壌を20 cmとした場合（MS），(d) その土壌の上に，グリッドごとに現在の植生タイプを与えた場合（MVS）です．この実験によって，チベット高原をはじめとした東ユーラシア大陸の地形と全球の植生被覆が，全球の水循環にどのような影響を与えるかをうかがい知ることができます．図9.6は，それぞれの条件下での，各パターンにおける世界の各地域での蒸発散量と降水量の違い（各地の雨季の平均値）をまとめたものです．

NMRとMRの差はユーラシア大陸東部の地形による違い，MVSとMSの差は植生があるかないかの違いと解釈できます．図9.6より，植生がなくなることで，世界各地の蒸発散量・降水量が顕著に減少していることがわかります．

このような数値実験は，将来を予測するという目的だけでなく，各地の植生が大気や水の循環に果たす役割を明らかにするうえで大事なものです．今後もGCMの発展とともに，こういった研究が世界各地でなされていくことでしょう．また，生態学分野の研究成果によって動的植生モデル（DGVM）が高精度化すれば，将来の植生の分布や構造（LAIなど）を，より確からしく推定すること

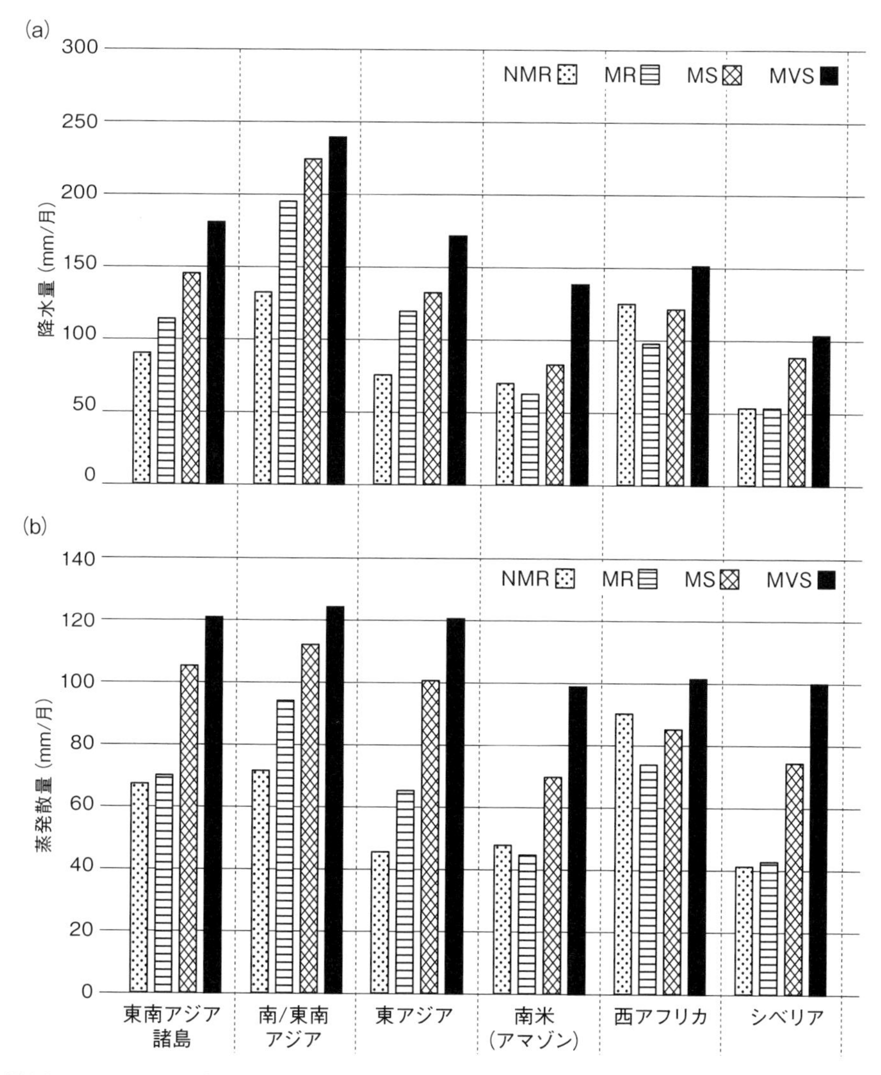

図9.6 Yasunari et al.（2006）における気候感度実験の結果（同論文のTable 3のデータを用いて筆者作成）．(a）が降水量を示し，(b）が蒸発散量を示す．

ができます．すると，より将来あり得そうな植生の下で，このような数値実験を行うことが可能になります．

3.3 節で言及されているように，このような気候フィードバックのシステムは植生以外にも数多く存在し，それらは同時に変化します．ですから，何が要因でどんな変化が起きると，未来を単純に予測することはできないでしょう．しかし，本節で紹介したいくつかの研究は，地球の気候システムの中で植生が大事な要素となっていることを示しているといえます．　〔長谷川宏一〕

文　献

泉 岳樹・松山 洋 2017.『卒論・修論のための自然地理学フィールド調査』古今書院.

篠原慶規・鶴田健二・久米朋宣ほか 2013. 樹液流計測法を用いた林分蒸散量の計測－森林管理による蒸散量の変化を評価するために－. 日本森林学会誌 95: 321-331.

長谷川宏一・松山 洋・都築勇人ほか 2006. 植生指標を用いた植生量の把握に太陽・センサの位置関係が及ぼす影響－カナダ北西部における山火事後の遷移段階にある植生を対象に－. 日本リモートセンシング学会誌 26 : 186-201.

長谷川宏一・尾身 洋・比留間祐太ほか 2013. 複数の手法によるスギの葉面積指数の推定－熊本県阿蘇地方を事例に－. 地学雑誌 122: 875-891.

Aubinet, M., Grelle, A., Ibrom, A. et al. 1999. Estimates of the annual net carbon and water exchange of forests: the EUROFLUX methodology. *Advances in Ecological Research* 30: 113-175.

Betts, R. A., Cox, P. M., Lee S. E. et al. 1997. Contrasting physiological and structural vegetation feedbacks in climate change simulations. *Nature* 387: 796-799.

Bonan, G. B., Levis, S., Sitch, S. et al. 2003. A dynamic global vegetation model for use with climate models: Concepts and description of simulated vegetation dynamics. *Global Change Biology* 9: 1543-1566.

Bosch, J. M. and Hewlett, J. D. 1982. A review of catchment experiments to determine the effect of vegetation changes on water yield and evapotranspiration. *Journal of Hydrology* 245: 118-136.

Chen, J. M. and Cihlar, J. 1995a. Quantifying the effect of canopy architecture on optical measurements of leaf area index using two gap size analysis methods. *IEEE Transactions on Geoscience and Remote Sensing* 33: 777-787.

Chen, J. M. and Cihlar, J. 1995b. Plant canopy gap-size analysis theory for improving optical measurements of leaf area index. *Applied Optics* 34: 6211-6222.

Chen, J. M., Liu, J., Leblanc, S. G. et al. 2003. Multi-angular optical remote sensing for assessing vegetation structure and carbon absorption. *Remote Sensing of Environment* 84: 516-525.

Costa, M.H. and Foley, J.A. 2000. Combined effects of deforestation and doubled atmospheric CO_2 concentrations on the climate of Amazonia. *Journal of Climate* 13: 18-34.

Cubasch, U., Wuebbles, D., Chen, D. et al. 2013. Introduction. In: *Climate change 2013: The physical science basis. Contribution of working group I to the fifth assessment report of the Intergovernmental Panel on Climate Change*, ed. T. F. Stocker, D. Qin, G. –K. Plattner et al. 119-158. Cambridge: Cambridge University Press.

Ganopolski, A., Petoukhov, V., Rahmstorf, S. et al. 2001. CLIMBER-2: A climate model of intermediate complexity. Part II: Model sensitivity. *Climate Dynamics* 17: 735-751.

Hasegawa, K., Matsuyama, H., Tsuzuki, H. et al. 2010. Improving the estimation of leaf area index by using remotely sensed NDVI with BRDF signatures. *Remote Sensing of Environment* 114: 514-519.

Hosoda, K. and Iehara, T. 2010. Aboveground biomass equations for individual trees of *Cryptomeria japonica, Chamaecyparis obtusa* and *Larix kaempferi* in Japan. *Journal of Forest Research* 15: 299-306.

Huxley, J. S. and Teissier, G. 1932. Terminology of relative growth. *Nature* 137: 780-781.

Ichii, K., Kondo, M., Lee, Y. et al. 2013. Site-level model-data synthesis of terrestrial carbon fluxes in the CarboEast Asia eddy-covariance observation network: Toward future modeling efforts. *Journal of Forest Research* 18: 13-20.

Komatsu, H., Tanaka, M. and Kume, T. 2007. Do coniferous forests evaporate more water than broad-leaved forest in Japan? *Journal of Hydrology* 336: 361-375.

Li, Z., Deng, X., Shi, Q. et al. 2013. Modeling the impacts of boreal deforestation on the near-surface temperature in European Russia. *Advances in Meteorology* 2013: 1-9.

Novick, K. A., Biederman, J. A., Desai, A. R. et al. 2018. The AmeriFlux network: a coalition of the willing. *Agricultural and Forest Meteorology* 249: 444–456.

Penman, J., Gytarsky, M., Hiraishi, T. et al. 2003. *Good practice guidance for land use, land-use change and forestry*. Kanagawa, Japan: Institute for Global Environmental Strategies (IGES) for the IPCC.

Sellers, P.J. 1985. Canopy reflectance, photosynthesis and transpiration. *International Journal of Remote Sensing* 6: 1335-1372.

Sellers, P.J., Hall, F., Margolis, H. et al. 1995. The Boreal Ecosystem - Atmosphere Study (BOREAS): An overview and early results from the 1994 field year. *Bulletin of the American Meteorological Society* 76: 1549-1577.

Sellers, P. J., Los, S. O., Tucker, C. J. et al. 1996. A revised land surface parameterization (SiB2) for atmospheric GCMs. Part Ⅱ: The generation of global fields of terrestrial biophysical parameters from satellite data. *Journal of Climate* 9: 706-737.

Swank, W. T. and Douglass, J. E. 1974. Streamflow greatly reduced by converting deciduous hardwood stands to pine. *Science* 185: 857-859.

Valentini, R., Matteucci, G., Dolman, A.J. et al. 2000. Respiration as the main determinant of carbon balance in European forests. *Nature* 404: 861-864.

Yasunari, T., Saito, K. and Takata, K. 2006. Relative roles of large-scale orography and land surface processes in the global hydroclimate. Part Ⅰ: Impacts on monsoon systems and the tropics. *Journal of Hydrometeorology* 7: 626-641.

野外観測における天候判断の難しさ

植生に関する研究では，野外に出てデータを取得する機会が多々あります．そして，他時期や他の研究と比較可能なデータを取得するためには，観測時の天候条件が大事になります．例えば，図9.3や図9.5のように，森林の構造を把握することを目的として森林の内外で光量を測ったり全天写真を撮ったりする場合には，空を見上げた時に太陽がどこにあるかわからないくらい厚い雲に覆われていることが望ましいです．これは，樹木上に太陽がある状態で全天写真を撮ると，ハレーション（強い太陽光が当たる部分が白くぼやける現象）が発生しやすいからです．

一方，リモートセンシングで植生を観測する方法を開発するために，波長別に観測する測器（分光放射計）を用いて植生の反射特性を計測する場合があります．この場合には，水蒸気の影響を避けるため，雲一つない晴天であることが望まれます．また，どちらの観測を行う場合においても，基準となる入射光の情報を得るために，周囲に何もない林外で同様の観測を行います．よって，これらの観測は雨天時にはできません．つまり，これらの森林観測を行う場合には，雨は避けながらも「どっちに転んでもよい」ように準備をしながら，現場で天候に応じた観測を行う必要があります．

筆者たちはかつて，大学（東京都八王子市）から約100 km離れた八ヶ岳にあるタワーを利用して，分光放射計を用いた森林の反射観測を行なっていたことがありました（泉・松山 2017）．実は，タワーやドローンを用いた観測では，「強風が吹くと危険」というさらに別の天候判断が加わります．観測には宿泊を伴い，かつ複数の人員が参加しますから，「100 km離れた場所が雲一つない晴天であり，かつ静穏であること」を観測前日までに推定して決定しなければなりませんでした．微妙な天気図の時には，これは胃が痛くなる判断でした．

植生に限らず，現地観測をされている方はみな，天候判断には苦労されています．泉・松山（2017）ではこの事例のほか，積雪調査，湧水調査，風の調査における天候判断の難しさ（と面白さ）が述べられています．興味のある方は御覧いただければ幸いです．**（松山　洋・長谷川宏一）**

10 人工衛星による地球環境と降水量の把握

人工衛星による地球環境観測が行われ始めてから約50年．この間に人工衛星が使われる場面が増えてきました．たとえば，読者の皆さんに身近な天気予報にも，人工衛星の観測結果が使われています．本章では，大気や降水量の観測という視点から，人工衛星による地球環境の把握について説明します．

10.1 人工衛星による地球環境観測

第9章では，**リモートセンシング**技術を用いた植生のデータ取得や気候変動のモニタリングに関する説明がありました．この章では，おもに人工衛星を使ったリモートセンシング技術を中心に考えてみましょう．

リモートセンシング技術を使った物体の位置，形，特性などの計測や分析は，対象物が反射または放射する**電磁波**を測定することで行います．図10.1に人工衛星リモートセンシングの概念図を示します．図10.1で示すように，人工衛星は太陽から反射する電磁波だけではなく，波状点線が示す対象物の放射する電磁波を捉えます．また，その対象物は，海，山，河川，橋，建物など，自然から人工物まで多種多様です．たとえば海では，海氷の位置や大きさの把握ができることで，気候変動のモニタリングに使われたり，海水温や潮の流れの検知によって漁場の予測に使われたりしています．現地に行って計測する人手をかけなくても，離れたところから対象物の特性を把握できるところに，リモートセンシング技術の利点があります．

第2章の図2.1で説明された電磁波の分類を，その波長範囲にまとめたものを表10.1に示します．電磁波は，物体の種類や環境に依存し，反射・吸収・放射の仕方が異なるという特性を有しています（日本リモートセンシング研究会2004）[1]．リモートセンシング技術では，この特性を利用し，おもに**可視域**（約0.4〜0.7 μm[2]）のほか，紫外域の一部（約0.3〜0.4 μm），**赤外域**の一部（約0.7〜

図10.1 人工衛星リモートセンシングによる観測の概念図
波線は太陽からの反射を表し，波状点線は放射を表す．

[1] **日本リモートセンシング研究会**（Japan Association on Remote Sensing）の略称をJARSと表し，本文献は以下，「JARS 2004」と記します．

[2] 1 mm = 1000 μm（マイクロメートル）= 1000000 nm（ナノメートル）です．

可視域 visible band
赤外域 infrared band

14 μm）やマイクロ波（約 1 mm〜1 m）を使います．

こうした電磁波を測定するリモートセンシング技術の手法には，航空機や人工衛星，第 9 章で紹介したタワーを使って上空から観測するものから，自動車を使って地上から観測するものまで複数あります．そして，電磁波を測定する観測機器を**センサ**と呼び，そのセンサを搭載する機体のことを総称して**プラットフォーム**といいます．センサとプラットフォームの組み合わせは対象物の特性や観測したい頻度に合わせて最適なものが選択されます．

センサ　sensor
プラットフォーム　platform

人工衛星とは，ロケットによって打ち上げられ，地球や月などの惑星を周回する人工物のことです．科学，気象や地球環境の観測，資源探査，通信など，さまざまな目的に合わせてつくられた人工衛星が世界各国から打ち上げられています．とくに，地球を観測することを目的とした衛星は**地球観測衛星**と呼ばれます．人工衛星を使ったリモートセンシングは，1960 年に最初の気象観測を目的とする衛星の **TIROS-1** や，1972 年に最初の地球表面の陸域観測を目的とする衛星の Landsat が打ち上げられて以降，技術の進化とともに急速に発展しています．地球観測衛星の中で，皆さんの中で最もなじみ深いのは，**静止気象衛星**ひまわりではないでしょうか．

地球観測衛星　Earth observing satellite
TIROS-1　Television Infrared Observation Satellite-1
静止気象衛星　Geostationary Meteorological Satellite

毎日のニュース・天気予報で目にするひまわりの画像は，日本周辺の雲の動きをとらえ，天気の把握，予測に欠かせないものとなっています．図 10.2 は，2020 年 1 月 1 日のひまわり 8 号の可視画像を示しています．図中，白く見えるのは雲であり，可視域での反射率が高いことを利用して，雲の位置や大きさといった情報を把握することができます．ひまわり 7 号までは白黒だった可視画像も，ひまわり 8 号では，可視域の複数のバンド[3]をとらえることで，カラー合成画像として観測データを提供できるようになっています．さらに，ひまわり 8 号では，可視域以外にも赤外域の 13 バンドで観測し，大気中を浮遊する微粒子（エーロゾル）や水蒸気，海面水温などを把握することができます（尾関・佐々木 2018）．

[3] 観測できる波長帯のことをさし，リモートセンシング技術では複数のバンドで同時に観測し，それらを演算することで特徴を抽出することができます．その演算の一例が第 9 章で説明された式 (9.7) の NDVI です．

表 10.1　電磁波の分類と波長範囲（JARS 2004 をもとに筆者作成）

名称			波長範囲
紫外線			10 nm 〜 0.4 μm
可視光線			0.4 〜 0.7 μm
赤外線	近赤外		0.7 〜 1.3 μm
	短波長赤外		1.3 〜 3 μm
	中間赤外		3 〜 8 μm
	熱赤外		8 〜 14 μm
	遠赤外		14 μm 〜 1 mm
電波	サブミリ波		0.1 〜 1 mm
	マイクロ波	ミリメートル波	1 〜 10 mm
		センチメートル波	1 〜 10 cm
		デシメートル波	0.1 〜 1 m
	超短波		1 〜 10 m
	短波		10 〜 100 m
	中波		0.1 〜 1 km
	長波		1 〜 10 km
	超長波		10 〜 100 km

図 10.2　2020 年 1 月 1 日 12：00（日本時間）におけるひまわり 8 号による可視画像（出典：NICT サイエンスクラウド https://sc-web.nict.go.jp/himawari/himawari8-image-archive.html，最終閲覧日：2021 年 1 月 25 日）

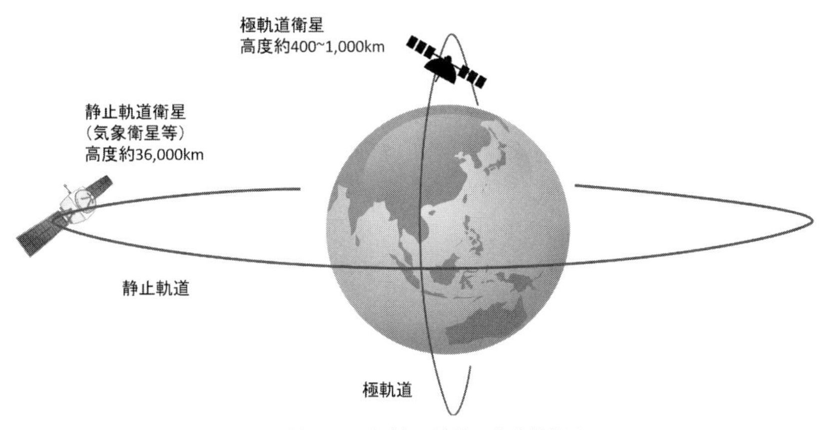

図 10.3　地球観測衛星の軌道模式図

ひまわりは静止気象衛星と呼ばれますが，これは，地球から衛星をみたときにつねに同じ位置にとどまっている（静止している）ように見えるためそのように呼ばれます．人工衛星側は，地球の赤道面上に位置し，地球の自転と同じ速度で公転する必要があります．この軌道を静止軌道といいます．この静止軌道をとる人工衛星と地球との距離は約 36000 km 離れています．地球の大円の円周は 40000 km であることから，地球約 0.9 周分離れた位置から毎日，日本周辺の雲の様子を観測していることになります．

ひまわりは，地球上からみるとつねに同じ場所にいるようにみえる静止軌道にある衛星であることを説明しました．静止軌道の場合，つねに同じ場所を観測できるメリットがある一方，観測対象である地球から遠く離れていることで分解能が粗くなる（細かなものが識別できなくなる）ことや，観測する場所・地域が限定されるデメリットがあります．

静止軌道衛星とは対照的に，地球上のあらゆる場所を観測できる衛星もあります．図 10.3 で示す，南北の極を結ぶ線に近い**極軌道**をとる衛星のことです．この軌道では，地球が自転することによって南北極を含む地球全体を観測すること

極軌道　polar orbit

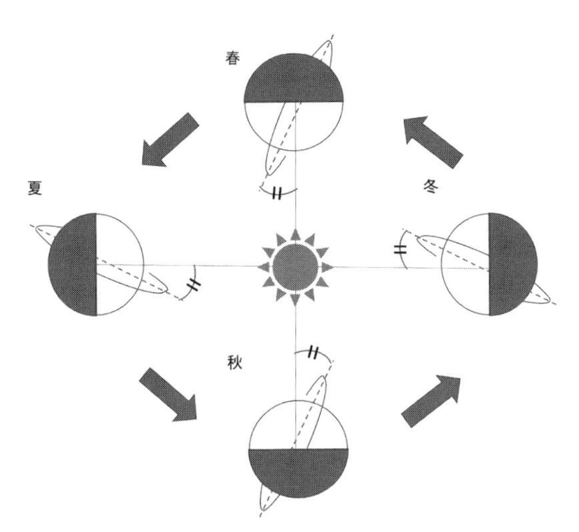

図 10.4　太陽同期軌道の模式図
図中，点線は太陽と人工衛星の軌道がなす角度を表し，それが季節問わず一定であることがわかる．

ができます．しかし，地球は地軸が傾いているため，太陽と地球表面をなす角度は変わります．同じ条件で太陽からの放射や地球上からの反射をとらえるためには，この角度をつねに一定にする必要があります．そこで，極軌道のうち，地球を回る衛星の軌道面全体が1年に1回転し，衛星の軌道面と太陽方向がつねに一定になる軌道である**太陽同期軌道**をとります（図10.4）．さらに，何日かの周期ごとに同一地点の上空を，同一時間帯に通過する準回帰軌道を組み合わせた**太陽同期準回帰軌道**をとることで，地球上の広範囲を繰り返し同じ条件で観測することができます．

太陽同期軌道　sun synchronous orbit
太陽同期準回帰軌道　sun synchronous sub-recurrent orbit

極軌道をとる地球観測衛星は，衛星の観測目的に合わせて高度を選択し，地表から約400〜1000 km程度の高度から地球を観測しています．同じセンサであれば観測高度が上がるほど，分解能が粗くなります．その一方，一度に観測できる範囲（観測幅）は広がります．

人工衛星を用いた観測には次に示すようなメリットがあり，そのデータは天気予報をはじめさまざまな目的で活用されています．

①一度に数十キロ以上の範囲を観測できること．
②同じ条件で世界各地を観測できること．
③同じ場所を数分〜数十日間隔で観測できること．
④可視域，赤外域など複数の観測バンドをもつこと．

10.2　人工衛星搭載センサによる降水量把握

10.1節では，ひまわりのような人工衛星に搭載されているセンサによって雲やエーロゾルを観測できることを説明しました．しかし，雲の内部や，雲によって地上にもたらされる雨は，可視光線だけでは直接観測することができません．地球上にまんべんなく同じ精度の雨量計を置くことができれば，世界各地の雨量を直接とらえることができるかもしれませんが，広大な海が広がる地球上では，現実的ではありません．そこで，宇宙から降水量をできるかぎり正確に推定することが試みられてきました．ここからは，人工衛星搭載のセンサによって降水量を把握する原理を考えてみましょう．

表10.1で示したように，電磁波にはさまざまな種類がありますが，太陽を光源とする可視光線を使ったリモートセンシングでは，可視光線が地表面や雲に当たって反射する光を観測しています（図10.1）．可視光線はその名の通り目でみることのできる光であるため，日中しか観測できないのに対し，赤外線やマイクロ波を使うと，地面からの放射だけでなく，降水粒子や水蒸気，酸素分子といった地球の大気からの放射を，昼夜問わず観測することができます．

可視赤外放射計　visible infrared radiometer
輝度温度　brightness temperature
降水強度　precipitation intensity

[4] **国立研究開発法人宇宙航空研究開発機構**（Japan Aerospace Exploration Agency）**地球観測研究センター**（Earth Observation Research Center）の略称をそれぞれJAXA,EORCと表し，本文献は以下，「JAXA/EORC 2008」と記します．

ひまわりは，可視域以外にも赤外域の観測バンドをもっていることを説明しましたが，これは，**可視赤外放射計**と呼ばれるセンサを搭載しているためです．可視赤外放射計では，雲の表面の情報が得られるため，雲の形や表面の温度をとらえることができます．このように放射計で観測される温度のことを**輝度温度**と呼びます．雲の表面をとらえた輝度温度の情報をもとに，雲の高さを推定し，推定した雲の高さと雨の強さ（**降水強度**）の経験則から，降水強度を計算できます（宇宙航空研究開発機構地球観測研究センター 2008）[4]．この経験則は，背の高い雲によって強い降水がもたらされることが多いという統計結果に基づくものですが，すべての雲においてその傾向があるわけではありません．したがって，可視赤外放射計のみによる降水強度推定の精度には限界があります．

そこで，**マイクロ波放射計**を活用した降水強度推定方法が開発されました．可視域や赤外域よりも長い波長のマイクロ波を使うと，その波長帯の大気の透過率が高いため，可視域や赤外域では吸収されていた降水粒子や雲内部での放射を測定することができるのです．これにより，雲の表面と内部の情報を合わせた雲全体の特性を把握することができます．図 10.5 に，可視赤外放射計とマイクロ波放射計による降水観測の模式図を示します．

マイクロ波放射計 micro-wave radiometer

マイクロ波放射計では，雲や大気からの上向き放射と，大気からの下向き放射が海面や地表面に反射し，それに海面や地表面の放射が合わさったものを観測します（図 10.5(b),(c)）．また，雲に含まれる降水粒子からの放射は，雲上部の氷粒子などに当たることで散乱してしまうため，降水強度を把握するためにはその散乱の大きさも見積もらなくてはなりません．つまり，マイクロ波放射計による地表面付近の降水量把握には，降水粒子の高度分布を正確に見積もることが必要になります．そこで，降水粒子の高度分布や粒子の種類（雨，雪など）をモデル化し，そのモデルを**放射伝達計算**[5]に取り込むことで，放射量や輝度温度を計算する方法が考えられました．こうした計算によって，輝度温度と降水強度の関係をあらかじめ求めておき，マイクロ波放射計の観測結果の輝度温度から，降水強度を推定する方法があります（JAXA/EORC 2008）．

海上（海面から）と陸上（陸面から）の放射量を比べるとその大きさは異なり，海上からの放射量は陸上と比べると小さいです（図 10.5(b)）．このため，海上の降水強度は，海上の降水粒子からの放射量を輝度温度の上昇量としてとらえることで推定できます[6]．一方，陸上からの放射量は大きく，降水粒子からの放射が散乱したり消失したりしてしまい（図 10.5(c)），輝度温度の変化だけでは降水をとらえることができません．そこで，陸上のマイクロ波放射計による降水観測では，雲の上部にある氷粒子からの散乱の大きさと降水粒子からの散乱の大きさに

放射伝達計算 radiative transfer calculation

[5] 大気分子や降水粒子，雲粒子，エーロゾル粒子に，可視光などの電磁波が入射し，散乱が起きます．そうした散乱の過程を考慮し，対象とする降水粒子からの電磁波が衛星のセンサに届くまでの様子を計算式で表現することを放射伝達計算と呼びます．放射伝達計算の詳細については中島・中村（2016）に詳しく記載があります．

[6] 第 2 章で説明のあった熱放射や散乱による射出の大きさは海上と陸上では異なり，海上の射出は小さいことから（図 10.5(b)），降水がない海上を観測したマイクロ波放射計による輝度温度は，非常に小さいです．この海上において，上空に雲や降水粒子があると，その降水粒子の量によって輝度温度が高まるため，輝度温度の上昇分を降水強度として推定できます（JAXA/EORC 2008）．

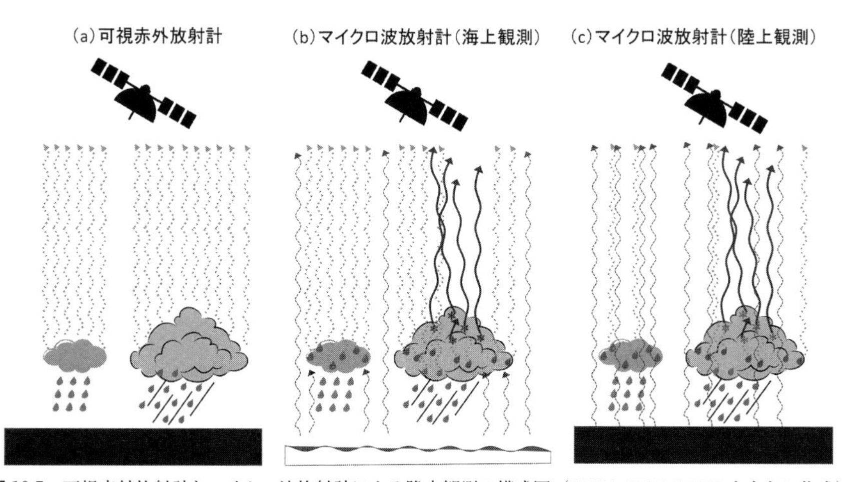

図 10.5 可視赤外放射計とマイクロ波放射計による降水観測の模式図（JAXA/EORC 2008 をもとに作成）
可視赤外放射計では，雲の形や表面の温度をとらえることで雲の高さを推定できるが，雲内部の構造が把握できない．マイクロ波放射計では，雲内部の構造を把握できるものの，地表面からの放射の影響を受けるため，対象とする雲が海上か陸上にあるかで降水量の推定精度が異なる．

は相関があることを利用して，陸上の地表面付近の降水強度を間接的に推定しています．ここで説明した推定方法の違いがあることから，海上と陸上では，マイクロ波放射計による降水強度の精度に違いが生まれます．

ここまで述べてきた，可視赤外放射計とマイクロ波放射計のそれぞれの特徴を組み合わせ，降水強度推定の精度向上が試みられています．たとえば，可視赤外放射計とマイクロ波放射計の同時観測を行い，雲内部の降水強度にはマイクロ波放射計の推定結果を活用する方法です．また，可視赤外放射計による雲頂高度と降水強度の関係式に，マイクロ波放射計の観測結果を逐次更新・反映する方法などが提案されています（JAXA/EORC 2008）．

さらに，ひまわりのように静止軌道から常時観測をしている可視赤外放射計からは，雲の形や大きさをつねに観測することができます．この静止軌道からの観測と，地球上をくまなく観測する，太陽同期準回帰軌道の観測を組み合わせる方法が開発されています（Ushio et al. 2009）．この方法では，マイクロ波放射計を搭載した衛星（太陽同期準回帰軌道）の観測結果を，可視赤外放射計を搭載した衛星（静止軌道）の観測結果で補完し，マイクロ波放射計の観測がない時間帯の雲を移動させることで，降水強度を推定しています．

受動型のセンサ　passive sensor
レーダ　radar
能動型のセンサ　active sensor

ところで，可視赤外放射計やマイクロ波放射計は**受動型のセンサ**といわれます．これは，大気や雲，降水粒子などから発せられる電磁波を受動することで，観測しているからです．これとは対照的に，**レーダ**と呼ばれる**能動型のセンサ**があります．レーダは，電磁波による物体の探査と距離測定を行う器械のことをさします．レーダが発射した電波を対象物が反射する性質を利用して，物体の位置や距離を測定します．レーダによる降水観測は，受動型のセンサによる降水観測よりも精度が高く，それらの推定値の基準となる「ものさし」の役割も担っています．

熱帯降雨観測衛星　TRMM：Tropical Rainfall Measuring Mission
降雨レーダ　PR：Precipitation Radar
全球降水観測　GPM：Global Precipitation Measurement
二周波降水レーダ　DPR：Dual-frequency Precipitation Radar
合成開口レーダ　SAR：Synthetic Aperture Radar

熱帯降雨観測衛星（TRMM）は，**降雨レーダ**（PR）を搭載した世界初の衛星です．1997年に打ち上げられ，2015年に観測を終えるまで，約18年にわたって熱帯域の降雨を宇宙から観測しました（岡本ほか 2016）．その観測は，**全球降水観測**（GPM）計画に引き継がれました．PRを改良した**二周波降水レーダ**（DPR）を搭載したGPM主衛星は，2014年に打ち上げられ，2021年1月現在観測を行っています．

人工衛星搭載レーダには，PRやDPRのような降水観測レーダのほかに，地表面の形状を観測する**合成開口レーダ**（SAR）や，海面高度を観測する高度計があります．これらのレーダは，降水観測レーダと同様，レーダが発射した電波を対象物が反射する性質を利用し，地表面の形状や海面高度を測ります．こうしたレーダにとって，観測対象付近に雨が降っていると受信信号強度が減衰します．つまり，電波の伝搬経路上にある降水は邪魔者でした（寺門 2015）．しかし，この性質を逆に利用し，開発されたのが降水観測レーダです．

ここからは，TRMMとGPM主衛星に搭載されたPRとDPRの観測の仕組みと，その観測結果である全球の降水分布の様子を紹介しましょう．

10.3　人工衛星搭載降水観測レーダによる地球の降水分布の様子

PRやDPRといった降水観測レーダは，一定の時間間隔で電波を地球に向かって送信し，降水粒子から反射された信号（降水エコー）を受信することで，大気中の降水粒子の位置と雨の強さ（降水強度）を観測しています．図10.6に，降水観測レーダによる降水観測の模式図を示します．今，降水観測レーダが電波を送信した時刻を t_1，降水エコーを受信した時間を t_2 とすると，時間差 t は，

$$t = t_2 - t_1 \tag{10.1}$$

で表され，降水観測レーダから降水エコーを発生させた降水粒子までの距離を往復した時間になります．したがって，降水粒子までの距離 r は，光の速さ c を用いて，以下の式で表すことができます．

$$r = \frac{ct}{2} \tag{10.2}$$

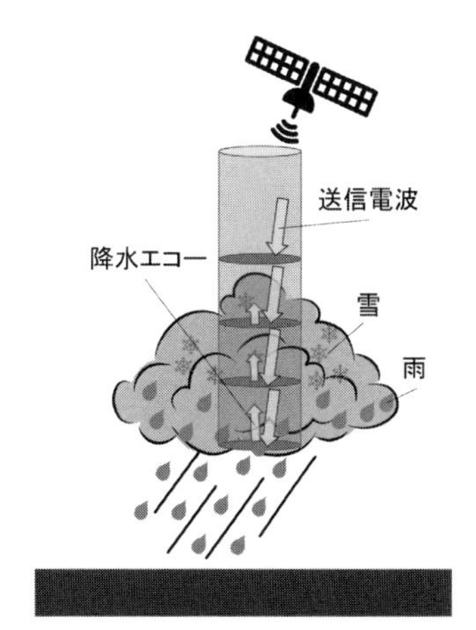

図 10.6 衛星搭載降水レーダによる降水観測の模式図（JAXA/EORC 2008をもとに作成）

TRMMに搭載されたPRでは，Ku帯（13.8 GHz）[7] のマイクロ波を用い，宇宙から地上に向かって一定の時間間隔でビーム状に電波を送信し，衛星と地表面の間にある大気中の降水粒子から反射した降水エコーをとらえます．図10.6に，衛星搭載降水レーダによる観測の模式図を示します．TRMMはその名の通り，熱帯および亜熱帯域の降雨を観測することを目的に打ち上げられました（岡本 2005）．降雨は激しい日変化があることから，同一地点を同一時間帯に通過する太陽同期軌道ではその変化を観測できません．そこで，TRMMやGPM主衛星では，太陽非同期の軌道をとり，同一地点を異なる時間帯に通過することで，降雨の日変化をとらえています（JAXA/EORC 2008）．

ここで，降水観測レーダによって降水強度が求められる流れを考えてみましょう．降水強度はレーダのハードウェア特性 [8] や式（10.2）で示す距離 r のほかに，反射物である降水粒子の性質と形状の違いに依存します．これは，水滴による電磁波の散乱・吸収の性質を示した**レイリー散乱**や**ミー散乱**によって説明されます [9]．たとえばレイリー散乱では，降水粒子の直径が，発射した電波の波長に比べて十分小さい場合，1つの降水粒子からの反射強度は，降水粒子の直径の6乗に比例します．つまり，降水強度は，降水粒子の数と大きさによって決まるのです（吉野 2002）．

こうした性質があることから，大気中の降水粒子の違いによるエコーの強さと**減衰**に関する研究が進展しました．エコーの強さは**レーダ反射因子**で表現されます．レーダ反射因子と降水粒子（雨滴）の粒径分布の関係式が求められ，その関係式を用いてレーダ反射因子と降水強度の関係も求めることができます．また，降水強度を求める際には，降水観測レーダと降水粒子の間で生じた減衰も考慮する必要があります．これは，降水強度が大きくなればなるほど，降水粒子の間での反射や散乱する量が大きくなるために減衰が大きくなり，降水エコーが小さくなってしまうからです．

図10.7に，1997年の打ち上げ後，TRMMが観測した約17年の地表面降雨量の月平均値を示します．TRMMでは，10.2節で述べた可視赤外放射計やマイクロ波放射計による降水量観測の課題である陸上の降雨を，海上の降雨と同じように観測することができました（JAXA/EORC 2008）．降雨の分布は熱帯や亜熱帯

[7] 表10.1に示した電磁波の波長を周波数（光速 c を波長で割った値）に変換した際，マイクロ波ではその周波数の帯域をまとめて表現します．これは，IEEE（米国電気電子学会）によって定められており，1~2 GHz帯をL帯，3~4 GHz帯をS帯，4~8 GHz帯をC帯と表現します．本章に出てくるKu帯は12~18 GHz帯を，Ka帯は27~40 GHz帯を表しており，降水や氷，風といったものに感度があるKu帯，雪に感度があるKa帯といった違いがあります（JARS 2004; 中島・中村 2016）．

[8] ハードウェアとは機械や装置のことをさし，ここでは，観測装置であるセンサ固有の特徴のことをハードウェア特性と呼びます．同じ降水観測レーダでも，対象とする周波数が異なると降水粒子に対する感度が変わり，観測できる降水の強さが異なるなどの特徴を総称します．

レイリー散乱 Rayleigh scattering
ミー散乱 Mie scattering
減衰 attenuation
レーダ反射因子 radar reflectivity factor

[9] 第2章において，エーロゾルが可視光や地表面からの放射といった電磁波を散乱させることが説明されました．同様に，大気分子によっても電磁波は散乱します．大気分子のように波長に比べて小さい粒子による散乱の場合をレイリー散乱と呼び，エーロゾルのように波長に比べて大きい粒子による散乱をミー散乱と呼びます（JARS 2004; 吉野 2002）．

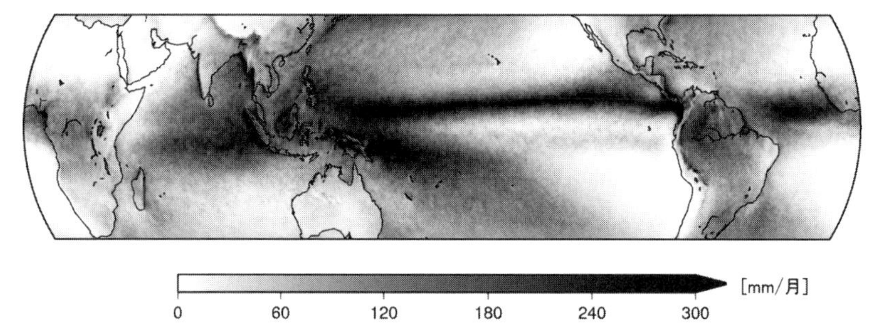

図 10.7 TRMM/PR が観測した 1997 年 12 月～2015 年 3 月の約 17 年間における地表面降雨分布の月平均値（画像作成・提供：国立研究開発法人情報通信研究機構 金丸佳矢氏，原初データ提供：JAXA）口絵カラー参照．

で一様ではなく，太平洋と大西洋の赤道付近，熱帯の南太平洋で降雨量が多い地域がある一方，大陸西岸の海洋では降雨量が少ないといった海上の降雨の特徴がみられます．陸上においては，アフリカ大陸や南アメリカ大陸の熱帯域上で降雨量が多く，アフリカ大陸北部のサハラ砂漠やアラビア半島では降雨量が少ないことがわかります．

さらに，降水粒子の位置と強さを知ることのできるレーダの特性を生かし，降雨の三次元構造が明らかになり，台風域の降雨の鉛直分布は，TRMM によって初めて観測されました．また，台風における，広範囲に持続的に降る「層状性降雨」と，大気の鉛直構造を対流させ局所的・一時的に強く降る「対流性降雨」の割合や分布は，TRMM の観測によって明らかになりました．さらに，台風によってもたらされる層状性降雨は，熱帯域の平均的な割合よりも多いことや，台風の中心から 60 km 以内では，背の高い雲により，雷が多く対流性降雨が多くもたらされるなどの特徴が示されています（Yokoyama and Takayabu 2008）．

GPM 主衛星に搭載された DPR では，Ku 帯（13.6 GHz）と Ka 帯（35.5 GHz）の 2 つの帯域のマイクロ波を使って降水を観測します．Ku 帯のみの PR の観測に比べて，波長の短い Ka 帯を組み合わせた DPR は，より弱い雨や雪もとらえることができました．また，観測範囲においても，この二周波を使った利点を活かすことができる，南緯 65°～北緯 65° の領域に拡張されています．

図 10.8 に GPM/DPR が観測した平成 30 年台風 8 号の三次元構造の図を示します．TRMM で明らかになった台風の鉛直構造は，GPM/DPR でも同様に観測され，その発達機構や台風の降水分布の把握に大きく貢献しています．

TRMM や GPM 主衛星に搭載された降水観測レーダの観測成果は，それ単体による科学的な成果においても，地球上の科学的な知見の深化に対して重要な役割を果たしています．それに加えて，複合的な利用においても多くの成果を出しています．たとえば，静止軌道上の気象観測衛星，各種衛星に搭載されたマイクロ波放射計のデータを組み合わせ，全球の降水分布を解析しマッピングする**衛星全球降水マップ**（GSMaP）というプロダクトにも使われています（Kubota et al. 2007）．このプロダクトでは，全球の降水量が約 10 km 格子 1 時間間隔で提供されており，衛星データによる降水マップとして高い精度と分解能をもっています．GSMaP は，20 年以上のデータの蓄積によって，世界中の積算降水量や豪雨・

衛星全球降水マップ GSMaP：Global Satellite Mapping of Precipitation

図 10.8 GPM/DPR が観測した平成 30 年台風 8 号の三次元構造（画像作成：一般財団法人 リモート・センシング技術センター 東上床智彦氏，原初画像提供：JAXA）（口絵 3 参照）

干ばつを指数化して表現できるようになり，その情報がウェブページで公開されています[10]．また，人工衛星の観測データと第 11 章で説明する気象モデルを融合するシステムが開発され，そのモデルの同化に GSMaP が使われることで，気象予測精度の向上が期待されるなど，利用用途はさらに広がっています[11]．

ここまで述べてきたように，衛星による降水量観測は，日々の天気予報や，気候モニタリングのための地球全体の降水システムの理解，世界各国の水災害への対応に役立てられるなど，大きな役割を果たしました．しかし，その背景には，TRMM や GPM 主衛星が長期間，同じ精度で測り続けるための**校正検証**が必要不可欠です．人工衛星や搭載センサは，一度宇宙空間で観測を始めると修理することが困難なため，センサの品質管理を行う校正検証が重要となります．本章で紹介した TRMM や GPM 主衛星に搭載された降水観測レーダに対する品質管理では，世界最高レベルの校正検証が行われてきたといっても過言ではありません（JAXA/EORC 2008）．筆者は，2012 年から 2015 年にかけて，PR と DPR の校正検証を担当しました[12]．PR の観測終了間際と DPR の初期観測が重なった期間に観測データの品質管理に携わり，長期間のデータの品質を一定に保つことがいかに大変かを実感しました．紙面の都合上，ここでは詳細を割愛しますが[13]，衛星データを含めた長期間の観測データの利用には多大な労力を必要とする校正検証による品質管理が重要であることを記して，本章の筆を置くこととします．

〔瓜田真司〕

[10] 公開 HP は次の通りです（世界の雨分布統計 https://sharaku.eorc.jaxa.jp/GSMaP_CLM/index_j.htm，最終閲覧日：2021 年 1 月 25 日）．

[11] 人工衛星データと気象モデルを融合するシステムについては，たとえば Kotsuki et al.（2019）に記されています．またデータ同化については第 12 章に詳しい説明があります．

校正検証 calibration and validation

[12] その成果の一部は，たとえば Kubota et al.(2014) に記されています．

[13] PR や DPR の校正については，Masaki et al.(2020) に，その詳細が詳しくまとめられています．

文　献

宇宙航空研究開発機構地球観測研究センター（JAXA/EORC）2008.『宇宙から見た雨 2 熱帯降雨観測から全球へ』宇宙航空研究開発機構.

岡本謙一 2005. 熱帯降雨観測衛星（Tropical Rainfall Measuring Mission）の現状. 日本リモートセンシング学会誌 25: 490-495.

岡本謙一・沖 理子・井口俊夫 2016. 熱帯降雨観測衛星（TRMM）の終焉. 日本リモートセンシング学会誌 36: 156-158.

尾関一頼・佐々木政幸 2018, ひまわり 8 号及び 9 号の概要. 岡本幸三・別所康太郎・吉崎徳人・村田英彦編『静止気象衛星ひまわり 8 号・9 号とその利用』気象研究ノート No. 238: 11-21. 日本気象学会.

寺門和夫 2015.『宇宙から見た雨：熱帯降雨観測衛星 TRMM 物語』毎日新聞社.

中島 孝・中村健治 2016.『大気と雨の衛星観測』朝倉書店.

日本リモートセンシング研究会（JARS）編 2004.『改訂版 図解リモートセンシング』日本測量協会.

吉野文雄 2002.『レーダ水文学』森北出版.

Kotsuki, S., Terasaki, K., Kanemaru, K. et al. 2019. Predictability of record-breaking rainfall in Japan in July 2018: Ensemble forecast experiments with the near-real-time global atmospheric data assimilation system NEXRA, *SOLA* 15A: 1-7.

Kubota, T., Shige, S., Hashizume, H. et al. 2007. Global precipitation map using satellite-borne microwave radiometers by the GSMaP project: Production and validation, I. *IEEE Transactions on Geoscience and Remote Sensing* 45: 2259-2275.

Kubota, T., Yoshida, T., Urita, S. et al. 2014. Evaluation of precipitation estimates by at-launch codes of GPM/DPR algorithms using synthetic data from TRMM/PR observations. *The IEEE Journal of Selected Topics in Applied Earth Observations and Remote Sensing* 7: 3931-3944.

Masaki, T., Iguchi, T., Kanemaru, K. et al. 2020. Calibration of the Dual-frequency Precipitation Radar (DPR) onboard the Global Precipitation Measurement (GPM) core observatory. *IEEE Transactions on Geoscience and Remote Sensing*. doi: 10.1109/TGRS.2020.3039978

Ushio. T., Sasashige, K., Kubota, T. et al. 2009. A Kalman filter approach to the Global Satellite Mapping of Precipitation (GSMaP) from combined passive microwave and infrared radiometric data. *Journal of the Meteorological Society of Japan* 87A: 137-151.

Yokoyama, C. and Takayabu, Y. N. 2008. A statistical study on rain characteristics of tropical cyclones using TRMM satellite data. *Monthly Weather Review* 136: 3848-3862.

11 気象の数値シミュレーション

気象の数値シミュレーションは，現代においては日々の天気予報や地球温暖化予測など，さまざまな場面で重要な役割を果たしています．本章では，気象の数値シミュレーションの仕組みと，それを用いた 2018 年 7 月に発生した猛暑事例の解析について説明します．

11.1 気象シミュレーションとは？

地球上の大気はさまざまな物理法則に基づいて運動しており，たとえば大気の動きは運動方程式によって表すことができます．したがって現在の大気の動きや状態から物理法則に基づいて計算することで，将来の大気の状態や動きを予測することができます．この将来の大気の状態などを予測する技術が**気象シミュレーション**と呼ばれるもので，現在日々の天気予報などに広く用いられています．

気象シミュレーション numerical weather simulation

さて，気象シミュレーションでは大気の状態や運動を物理法則に基づいて計算する必要があるのですが，実際の大気はさまざまな要因が複雑に影響を与え合っているため，非常に複雑かつ大量の計算が求められます．過去には 1922 年にリチャードソンによって手計算で大気の将来予測を試みる実験も行われましたが（二宮 2004），現在では気象シミュレーションはコンピュータを用いて行われています．とくに天気予報など広範囲を短時間で精度よく予測する必要がある業務などでは，計算能力がきわめて高い**スーパーコンピュータ**が用いられています（気象庁 2018a）．

スーパーコンピュータ super computer

コンピュータ上で気象シミュレーションを行うためにはさまざまな物理法則をそれぞれプログラミングする必要があり，そこでできたプログラム群をまとめてモデルといいます．とくに日々の天気予報など比較的短期間の予測に使われるものを気象モデル（もしくは**数値予報モデル**）といい，地球温暖化予測など長期間の将来予測に使用されるものを**気候モデル**[1] と呼んでいます．気象モデルの詳細については次節で説明しますが，このモデルに現在の大気の状態などを入力してコンピュータ上で実行すると将来の大気の状態などが出力されます．

数値予報モデル numerical weather prediction model

気候モデル climate model

[1] 長期間の予測を行う気候モデルでは大気の運動のほかに海洋や生物，人間活動などが与える影響が大きくなるため，気候モデルには気象モデルのほかに海洋モデルや生物モデルなどの複数のモデルが含まれています．

気象シミュレーションを行うメリットとは何でしょうか？ メリットの 1 つ目はここまで何度も述べてきたように，大気の将来予測ができる点にあります．天気予報を例にあげると，気象シミュレーションによる予測が開始される前までは，大気の将来予測は予報官個人の経験則による部分が大きく主観的な予測でした．現在においても予報官の経験則は予報において重要な役割を果たしていますが，それに加え気象シミュレーションによって客観的で精度の高い予測ができるようになっています．

気象シミュレーションのメリットはほかにもあります．その 1 つが観測値のない場所の情報を推測できる点です．現在日本では地域気象観測システム（アメダス）[2] などにより気象観測が行われていますが，山間部や海上では観測はあまり

[2] アメダスは雨や風，雪などの気象状況を自動で観測するシステムです．おおよそ 17 km の間隔で設置されていて，全国に約 1300 カ所あります．

行われていません．しかし，気象シミュレーションであれば，そのような観測値のない場所の気温や湿度などを推測することも可能ですし，また，アメダスで観測していない要素（たとえば蒸発散量など）も求めることができます．

そして，気象シミュレーションの大きなメリットとして地球を対象にした実験ができるという点もあげられます．化学や物理学などであれば実験によってある現象の影響を調べることができますが，地球科学では実験ができないことが多々あります．たとえば「二酸化炭素の排出量が10%増えたら日本の平均気温はどのくらい変化するのか？」という問題に対して実験を行うことは困難です．しかし，気象シミュレーションであればモデルの中で仮想的な地球をつくり，実験をすることが容易にできます．ほかにもモデル内の地形や土地被覆などを改変した実験も可能であり，それにより大気現象のメカニズムの解明に役立つ点も，気象シミュレーションのメリットといえるでしょう．

一方で，気象シミュレーションには短所もあります．それは計算の精度の問題です．観測値を真値としてシミュレーションで出た結果と比較すると，その結果には多くの場合誤差があることがわかります．この誤差はモデルに入力するデータ自体の誤差や計算の簡略化に伴う誤差などさまざまな要因によって生じます．なお誤差については第12章で詳しく述べられています．また大気の運動を支配する物理法則は非線形（ある2つの現象が一次関数で表されるような直線的な比例関係にないこと）であるため，初期値の小さな誤差が計算とともに次第に大きな誤差になっていくこともあります．そういった誤差の広がり具合を把握して，現象の発生を確率的にとらえる技術として**アンサンブルシミュレーション**[3]などもありますが，現在の気象シミュレーションや天気予報には必ず誤差が含まれることは理解しておく必要があります．

アンサンブルシミュレーション ensemble simulation

[3] アンサンブルシミュレーションとは，わずかに異なる複数の初期値からそれぞれシミュレーションを行い，計算結果の平均値やばらつき具合などを予報に利用する手法です．シミュレーションには必ず誤差が含まれますが，この手法によりどのような誤差が出現するのかが予測できるなどのメリットがあります．

11.2 気象モデルの仕組み

ここからは**気象モデル**の仕組みについて説明していきます．前節でも述べたように，気象モデルとは将来の大気の状態や大気現象を予測するためのプログラム群です．大気はさまざまな物理法則に支配されていますが，その中でも大気の大規模な運動はそれを支配する5種類の方程式《運動方程式，熱力学第一法則，気体の状態方程式，連続の式（質量保存の法則），水蒸気の輸送方程式》で表現することができ，これらを気象モデルの基礎方程式（もしくは**支配方程式**）と呼びます．これらの基礎方程式を連立して解くことで気温や気圧，風速などの気象要素を予測することができるのですが，実際は基礎方程式だけのモデルでは正確に予測することはできません．

気象モデル meteorological model

支配方程式 governing equations

なぜ正確な予測ができないかというと，基礎方程式以外のさまざまな要素も大気の運動に大きな影響を与えているからです．たとえば太陽光による地球の加熱や水蒸気の相変化，森林や都市などの複雑な地表面状態などです（図11.1）．これらのプロセスは**物理過程**と呼ばれており，現在の気象モデルでは物理過程もモデル化され基礎方程式と同時に計算されています．この工夫によって現在では大気の運動の精度よい予測が可能になっています．

物理過程 physical process

それでは気象モデルを使ってどのように気象シミュレーションを行うのでしょ

うか？ まず計算をするうえで，大気の**離散化**を考える必要があります．地球上の大気は連続的につながっていますが，そのままだと計算しづらいので大気を三次元の格子（図 11.2）で区切り，格子点ごとに気温や気圧などの計算を行います．格子の大きさは自由に決めることができ，サイズが小さいほどミクロな現象まで精度よく計算できるようになりますが，それに比例して計算時間も長くなります．また大気の離散化の方法は格子化以外の方法もあり，予測したい現象などによって選択されます．

離散化 discretization

図 11.2 のように格子の設定が完了したら，ここから格子ごとに，前述した基礎方程式などを用いて計算を行っていきます．具体的な計算方法ですが，まず気象モデルで扱う基礎方程式などは，式（11.1）のように予測したい気象要素 X の時間変化率を求める**偏微分方程式**[4] の形をしています．

偏微分方程式 partial differential equation

[4] 偏微分とは，2 変数以上を含む関数をその中の 1 つの変数で微分する（ほかの変数は定数として扱う）ことです．たとえば $z=x^2+xy+y^2$ を x で偏微分すると，$\partial z / \partial x=2x+y$ となります（∂ は偏微分を表す記号です）．そして偏微分を含む方程式を偏微分方程式といいます．

$$\frac{\partial X}{\partial t} = F \qquad (11.1)$$

ここで F には気象要素 X に影響を与えるさまざまな要素を表す式が入ります．たとえば，ある格子の水蒸気量の時間変化率を求める場合には，蒸発や凝結に伴う水蒸気量の変化や格子間における水蒸気の流入・流出を計算します．

式（11.1）のような偏微分方程式を解くことで各格子における将来の気温や気圧などを予測できるのですが，実際には基礎方程式などの解析解を求めることは困難です．そこで気象モデルでは時間についても離散化を行い，一定時間 Δt ごとに気象要素 X の時間変化を計算し，式（11.2）のように時間変化量 $F_t \Delta t$ を現在の値 X_t に足し合わせ Δt 秒後の値 $X_{t+\Delta t}$ を求めます．

$$X_{t+\Delta t} = X_t + F_t \Delta t \qquad (11.2)$$

次のステップでは X_t に $X_{t+\Delta t}$ を代入し，$X_{t+2\Delta t}$ の値を求め，この計算を予測したい時間まで繰り返すことで，将来の気象要素について予測することができます．モデルの格子間隔と同様に，Δt も短くすることで予測の精度がよくなりますが，

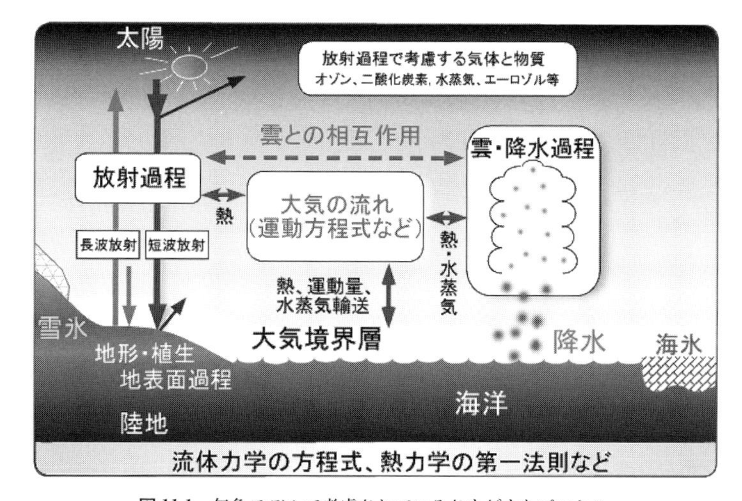

図 11.1 気象モデルで考慮されているさまざまなプロセス
気象庁ホームページ（https://www.jma.go.jp/jma/kishou/know/whitep/1-3-1.html）による．（最終閲覧日：2020 年 11 月 24 日）

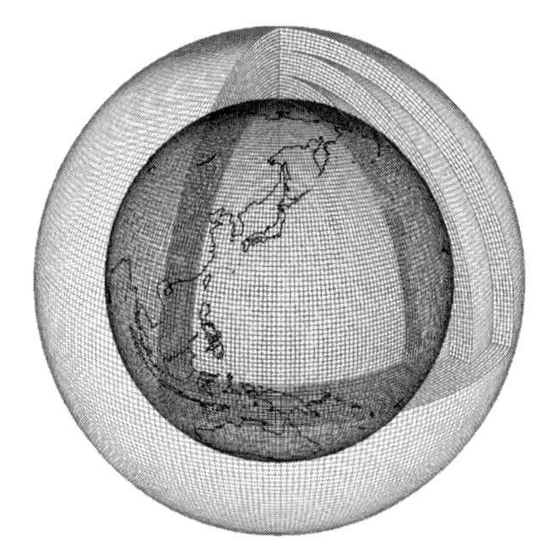

図 11.2 気象モデルで用いられる三次元格子の概念図
気象庁ホームページ（https://www.jma.go.jp/jma/kishou/know/whitep/1-3-1.html）による．（最終閲覧日：2020 年 11 月 24 日）

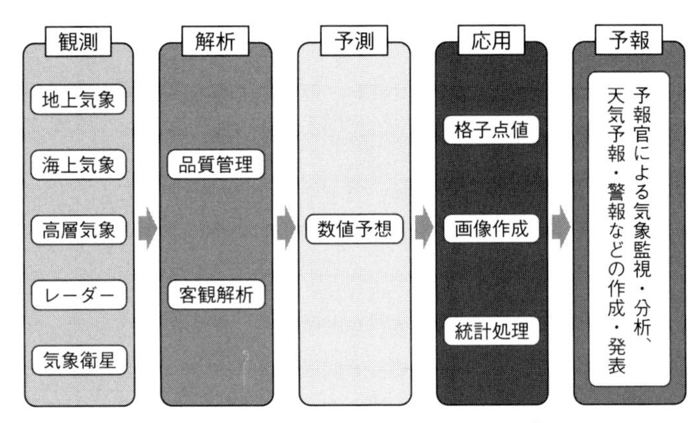

図 11.3　気象庁における天気予報発表までの手順
気象庁ホームページ（https://www.jma.go.jp/jma/kishou/know/whitep/1-3-1.html）による.（最終閲覧日：2020 年 11 月 24 日）

そのぶん計算時間も長くなるので，実際の気象シミュレーションでは予測の精度や計算時間についてどこまで許容できるかを考えて，モデルの格子間隔や Δt を決定しています.

さて，式（11.2）に戻って X_t について考えます．前述の通り X_t には 1 つ前のステップの計算結果が代入されますが，$t = 0$ すなわち計算の開始時点では X_t に代入する値が存在しません．このままでは計算を行えないため，気象モデルでは $t = 0$ の値として**初期値**を用意する必要があります．初期値として用いられるデータとしては，アメダスなどの地上観測データや人工衛星によって取得した衛星観測データなどがあげられます．これらの観測データと別のシミュレーションの計算結果を組み合わせて，初期値として最適なデータを作成する工程を**データ同化**といい，このデータを計算の初期値として使用しています．なおデータ同化については次の第 12 章で詳しく述べられています.

初期値　initial value

データ同化　data assimilation

最後に気象シミュレーションとは直接関係はありませんが，日々の天気予報に必要な作業について述べます．気象シミュレーションでは将来の気温や気圧，風速などの気象要素を予測できますが，利用者にとって理解しづらく，また晴れや曇のような天気や降水確率などは算出されません．したがって計算結果から利用者にとってわかりやすい情報を得るためには，気象シミュレーションの結果を用いて統計的な手法によって翻訳する必要があり，この統計処理を**ガイダンス**と呼んでいます．そして，ガイダンスによって作成した情報をもとに，予報官がわかりやすい形で利用者に情報を提供しています（図 11.3）.

ガイダンス　guidance

11.3　気象シミュレーションを用いた解析

この節では，気象シミュレーションを用いた解析について近年の猛暑事例をあげて説明します．解析対象は 2018 年 7 月 23 日の猛暑で，この日は埼玉県熊谷市において，日本の気象官署[5] における観測史上最も高い気温 41.1℃が観測されました（2019 年 12 月現在[6]）．また，東日本における 2018 年 7 月の月平均気温は平年より 2.8℃も高く，1946 年に統計を開始して以降最も高い値となりました（気象庁 2018b）．猛暑によって熱中症患者も数多く発生し，1 カ月間の熱中症に

[5] 気象官署は観測業務や予報業務を行う機関のことで，気象庁本庁のほかに日本各地の気象台などが含まれます.
[6] 本稿脱稿後の 2020 年 8 月 17 日に，静岡県のアメダス浜松で，観測史上最も高い気温に並ぶ 41.1℃が観測されました.

よって救急搬送された人および死亡者ともに，2008年の調査開始以降最多となりました（総務省 2018）.

ではなぜこのような高温が発生したのでしょうか？ 気象庁（2018b）によると，日本の東に存在する**太平洋高気圧**と西に存在する**チベット高気圧**が，平年よりも日本列島の上空まで張り出しており，雲が発生しづらく晴れの日が安定して続いたことが原因としてあげられています．また上記のような大規模な大気場だけでなく，ローカルな気象条件も猛暑の発生に大きな影響を及ぼしたことも考えられます．実際に関東地方では夏季において北寄りもしくは西寄りの風が吹くときに，40℃近い高温が発生しやすいことが Takane et al.（2015）によって報告されています.

太平洋高気圧 Pacific High
チベット高気圧 Tibetan High

この猛暑事例の発生要因について調べるために，気象モデルでこの日の大気場を計算した結果が図11.4です．ここでは2018年7月23日の10時から16時における気温と風の分布の時間変化を示しています．まず気温ですが，関東地方の平野部で30℃を超えており，とくに埼玉県や群馬県南部を含む関東地方内陸部において気温が非常に高くなっていることがわかります．また気温の時間変化をみると，38℃以上の高温域が最も広くなるのは14時台で，時間の経過とともに海に近い場所から徐々に気温低下が広がっていく様子がみてとれます.

次に風についてですが，この日の大きな特徴として群馬県から埼玉県・東京都

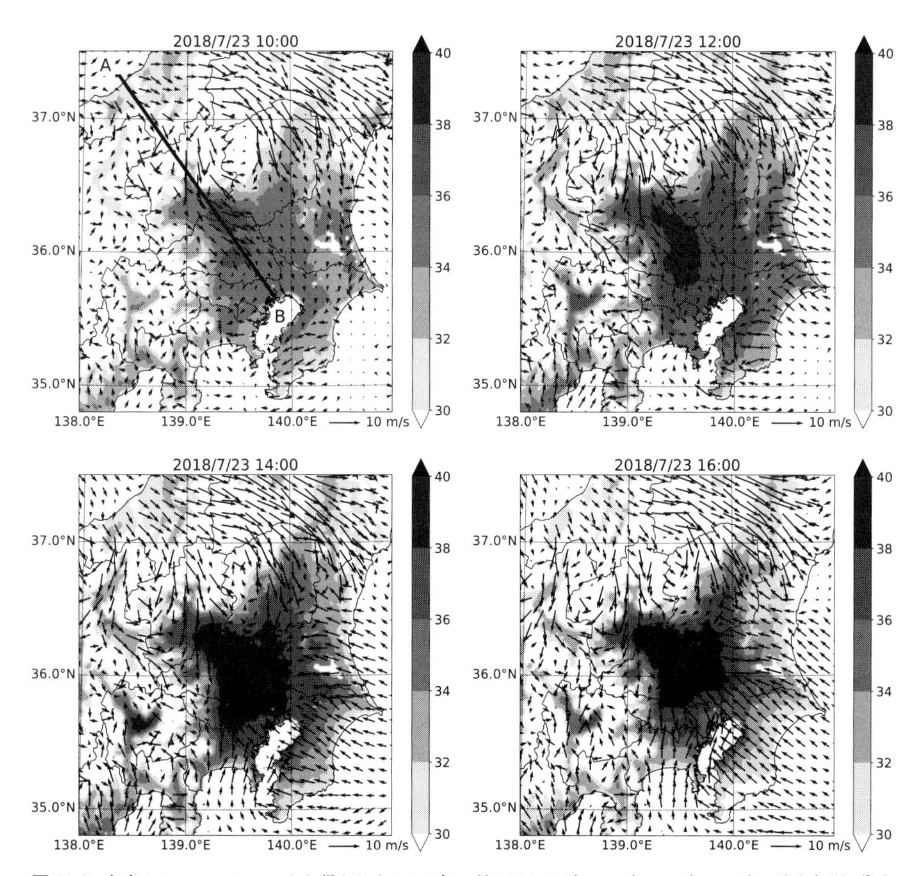

図 11.4 気象シミュレーションから得られた2018年7月23日10時，12時，14時，16時の地上気温（℃）と風の分布（口絵4参照）
直線ABは図11.5で示す北西-南東断面.

にかけて，北西から南東方向に風が吹いているのがわかると思います．典型的な夏季晴天日ではこのような風はあまり吹くことはなく，この日は Takane et al.（2015）で示されている猛暑が発生しやすい風の分布となっていたことがわかります．一方で，海から吹く風が時間の経過とともに内陸へと侵入している様子もみてとれます．これは陸が海に比べて気温が高くなることによって，陸の気圧が海よりも下がり海から陸に向かって風が吹く現象で，**海風**と呼ばれています．海風は海上の冷たい空気を陸上に運ぶため，沿岸部から徐々に気温が低下していくことになります．強い北西風が吹いていて，なおかつ海から離れている群馬県や埼玉県では，海風の侵入が遅いため気温の低下が進まず，16 時の時点でも 38 ℃以上の高温が継続するという結果になりました．

海風　sea breeze

それでは，猛暑が発生した 2018 年 7 月 23 日の上空の大気状態はどのようになっていたのでしょうか？ ここからは図 11.4 の直線 AB に沿った大気の断面図をみていきます．図 11.5 では地上から上空 4000 m までの**温位**と直線に沿った風速の時間変化を表しています．なお温位とは空気を断熱的（周囲と熱のやりとりがない）に標準気圧まで下降・上昇させたときの空気の温度のことで（小倉 2016），以下の式（11.3）で表されます．

温 位　potential temperature

$$\theta = T\left(\frac{P_0}{P}\right)^{(Rd/Cp)} \tag{11.3}$$

ここで θ は温位, T と P はそれぞれある地点の気温と気圧を表しています．また, P_0 は標準気圧（多くの場合 1000 hPa），R_{d} は乾燥空気の気体定数，C_{p} は空気の定圧比熱（圧力が一定の場合の比熱）です．

なぜ気温ではなく温位を使用するのでしょうか？ 読者の皆さんも山登りをすると，山頂に近いほど寒くなる経験をしたことがあると思いますが，気温は標高が高い場所ほど低くなる傾向があります．これは上空ほど気圧が低いため空気が膨張し，その膨張のために空気内部のエネルギーが使われるので，結果として空気の温度が下がることが原因です．温位は気圧低下による温度低下の影響を取り除いているので，気圧が異なる場所の温度を比較するのに適しているのです．

さて，直線 AB に沿った断面図（図 11.5）からまず風の分布をみると，どの時間帯でも地上から上空までおおむね北西風が吹いていますが，16 時になると東京付近では南東からの海風が侵入してきている様子がみてとれます．海風の厚さは地上から上空 700 m くらいまでで, 海風の先端では上向きの風が吹いています．上昇した海風は上空で海風とは風向が逆の北西寄りの風となっていて，海風が海のほうに戻っていく循環が形成されています．

また，この猛暑事例における大気場の大きな特徴として，越後山脈の山麓（図 11.5 の東経 139.0°～139.2° 付近）で下向きの**下降気流**がみられることがあげられます．これは風上である新潟県から吹いてきた風が越後山脈を越え，群馬県内において地形に沿って吹き下ろしていると考えられ，この吹き下ろす風は午前から昼過ぎにかけて継続しています．この下降気流が発生している斜面の上空では等温位線も斜面に沿って下降しており，この風によって上空の空気が地上付近に運ばれています．上空の気温は地上に比べて低いことが多いですが，図 11.5 をみるとわかるように，温位は上空ほど高くなります．これは上空と地上の空気を同

下降気流　downdraft

じ気圧の場所で比較すると，上空の空気のほうが高温であるということになります．したがって，下降気流が上空の高温位の空気を地上まで運び地上の空気と混合されることで，風下の関東平野では地上から約 2000 m まで高温位の大気層が形成され，地上の昇温に大きな影響を与えています．

図 11.5 による上空の大気場の解析から，越後山脈を越えて吹き下ろす風が昇温に大きな影響を与えていることがわかりました．このように**山越え気流**によって気温が上昇する現象を**フェーン現象**と呼んでいます．フェーン現象のメカニズムは 2 通りあり，湿ったフェーンと乾いたフェーンに分けられます（図 11.6）[7]．まず湿ったフェーンですが，山越え気流の風上側で雨が降る場合に発生します．

山越え気流 airflow over mountains

フェーン現象 foehn wind

[7] 厳密にいうと乾いたフェーンには複数の発生メカニズムがあり，実際のフェーン現象ではそれぞれのメカニズムが複合的に影響を及ぼしています．

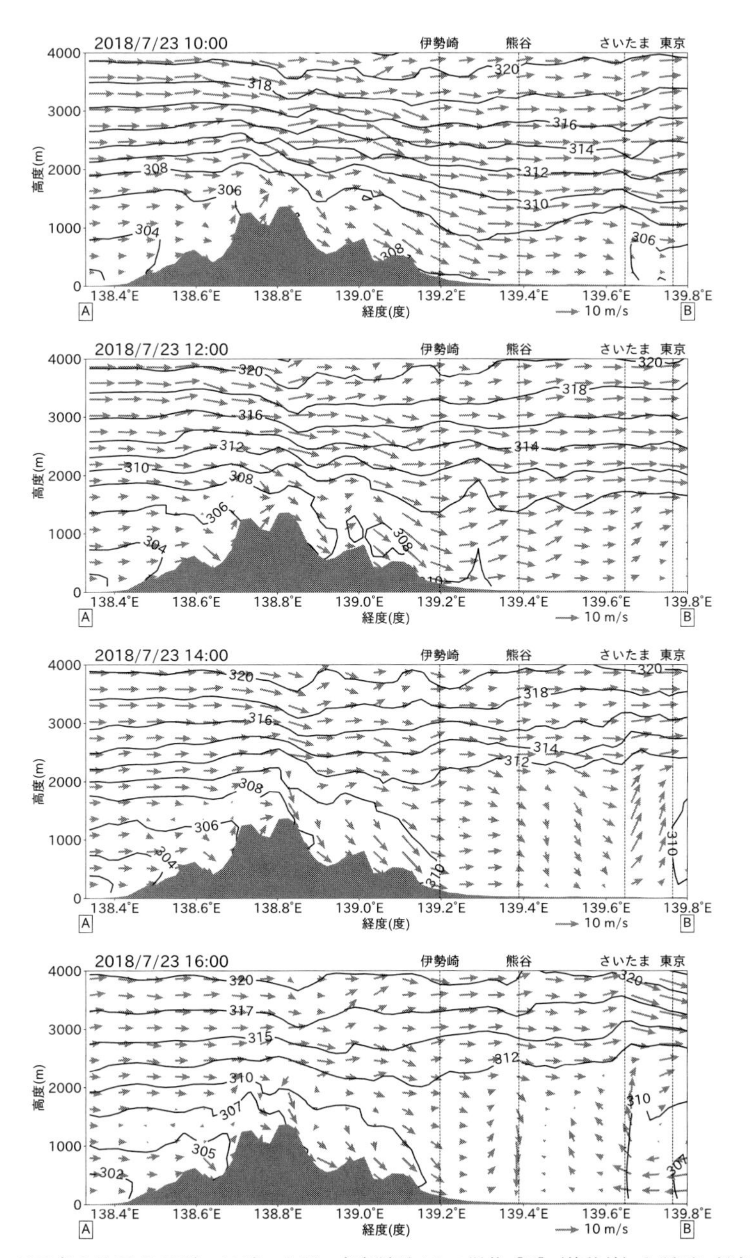

図 11.5 2018 年 7 月 23 日 10 時〜16 時の北西－南東断面 AB の温位［K］（等値線）と断面に沿う水平・鉛直風速（ベクトル）の分布（鉛直風速は 10 倍に誇張して表現されている）

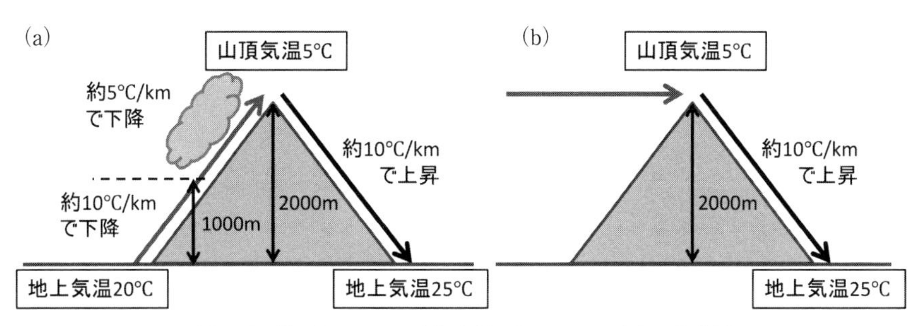

図 11.6　湿ったフェーン（a）と乾いたフェーン（b）の概念図

空気は上空に移動するにつれて温度が下がることは先ほど説明しましたが，空気の湿度によって温度の下がり方が異なります．空気が乾燥している場合には，1 km 上昇すると温度は約 10 ℃下がりますが，雨が降るほど湿っている場合には，1 km の上昇で約 5 ℃しか下がりません．山越え気流での降雨は風上側で発生しやすく，風下側では乾燥していることが多いため，吹き下ろしの風により大きく昇温して気温が上がります．

一方，乾いたフェーンですが，こちらは雨が降らないタイプのフェーンです．こちらの場合は，山越え気流のスタート地点が湿ったフェーンとは異なります．乾いたフェーンでは上空にある空気が力学的な作用によって地上に吹き下ろしてきます．大気は上空ほど温位が高いため，下降気流によって上空の高温位の空気が地上に運ばれると昇温につながります．

上昇気流　updraft

2018 年 7 月 23 日の猛暑事例については，（1）風上側の新潟県内において降雨が観測されていないこと，（2）図 11.5 において風上側で**上昇気流**がみられず，上空から風下側へ吹き下ろしていることから，この事例では乾いたフェーンが発生していたと考えられます．この日の熊谷市を通る風がどのような経路をたどってきたのかを解析した Nishi and Kusaka（2019）は，日本海の上空 3 km にあった空気が新潟県内を通り関東地方に流れてきたことを示しており，このことからも乾いたフェーンが関東地方に猛暑をもたらしたと考えられます．

以上のように，気象シミュレーションは観測では取得することがむずかしい上空の大気状態などを計算で予測できるため，大気現象の解析に対して非常に有用なツールとなっています．本章では猛暑事例の解析しか紹介できませんでしたが，このほかにも大雨に関する研究（たとえば Inamura et al. 2011）や強風に関する研究（たとえば坂本ほか 2014）などに幅広く気象シミュレーションは用いられています．興味のある方はぜひご覧ください．〔渡邊貴典〕

文　献

小倉義光 2016.『一般気象学 第 2 版補訂版』東京大学出版会.

気象庁 2018a.『平成 30 年度数値予報研修テキスト「第 10 世代数値解析予報システムと数値予報の基礎知識」』気象庁．https://www.jma.go.jp/jma/kishou/books/nwptext/51/No51.pdf（最終閲覧日：2020 年 7 月 23 日）

気象庁 2018b.「平成 30 年 7 月豪雨」及び 7 月中旬以降の記録的な高温の特徴と要因について. https://www.jma.go.jp/jma/press/1808/10c/h30goukouon20180810.html（最終閲覧日：2019年12 月 31 日）

坂本 壮・稲村友彦・泉 岳樹・松山 洋 2014.「まつぼり風」の吹走範囲と吹走メカニズムに関する実証的研究～現地観測とメソ気象モデルに基づいて～. 天気 61: 977-996.

総務省 2018. 平成 30 年（5 月から 9 月）の熱中症による救急搬送状況. https://www.fdma.go.jp/disaster/heatstroke/post3.html（最終閲覧日：2019 年 12 月 31 日）

二宮洸三 2004.『数値予報の基礎知識』オーム社.

Inamura, T., Izumi, T. and Matsuyama, H. 2011. Diagnostic study of effects of a large city on heavy rainfall as revealed by ensemble simulation－A case study of central Tokyo, Japan－. *Journal of Applied Meteorology and Climatology* 49: 713-728.

Nishi, A. and Kusaka, H. 2019. Effect of foehn wind on record-breaking high temperature event (41.1℃) at Kumagaya on 23 July 2018. *SOLA* 15: 17-21.

Takane, Y., Kusaka, H. and Kondo, H. 2015. Investigation of a recent extreme high-temperature event in the Tokyo metropolitan area using numerical simulations: the potential role of a 'hybrid' foehn wind. *Quarterly Journal of Royal Meteorological Society* 141: 1857-1869.

大気汚染のシミュレーション

気象シミュレーションは天気予報や大気現象の解析の他にもさまざまな分野で活用されていて，その一つに大気汚染の予測があります．産業革命以降の工業の発展にしたがって深刻化した大気汚染は，現在でもPM 2.5（大気中を浮遊している直径2.5 μm以下の小さい粒子）による汚染などによって生物に対して悪影響を及ぼしています．そのため近年は天気予報と同じように大気汚染についてもシミュレーションによる予報が行われています．

大気汚染のシミュレーションは拡散モデルを用いて行います．拡散モデルは基本的に気象モデルと同じように時間を離散化して大気汚染の計算を行いますが，これの実行にあたって気象シミュレーションの予測結果が必要になります．なぜかというと大気中における大気汚染物質の広がり方は，主に移流（風によって物質が流されること）と拡散（高濃度から低濃度へ物質が移動すること）によって決まるためです．特に風による影響は大きく，風速や風向の違いによって汚染物質の高濃度域は大きく変化することから，気象シミュレーションによる大気状態の正確な予測が必要となるのです．また大気汚染のシミュレーションでは大気汚染物質の移流や拡散の他に，汚染源からの汚染物質の排出や，重力や降水による物質の地上への落下，大気中での化学反応についてもモデルで計算を行いますが，これらの要素に対しても移流や拡散と同様に気温や風，水蒸気量や日射量などの大気状態は影響を及ぼしています．そして拡散モデルでこのような計算を行うことでさまざまな化学物質の濃度や分布などについて予測することが可能になります．

拡散モデルによるシミュレーションは大気汚染以外にも広く用いられています．例えば大気中の微粒子は雲の形成過程などを通じて地球の気候変動にも影響を及ぼしているため，拡散モデルは気候変動を予測する気候モデルにも組み込まれています．また花粉の飛散や黄砂の飛来，原子力事故における放射性物質の拡散などの予測にも拡散モデルは使われており，我々の生活にとって気象モデルとともに重要な役割を果たしています．

（渡邊貴典）

12 気象のデータ同化と再解析

気象シミュレーションで計算された予報値データは予測時間が長くなるほど大きな誤差を含みますが，時間・空間間隔が一定で高い汎用性を備えています．この予報値を観測値と組み合わせて現実との誤差を可能なかぎり小さくしたデータを作成する技術をデータ同化といいます．本章ではデータ同化技術，およびその技術を応用した再解析について説明します．

12.1 データ同化とは？

毎日の天気予報に利用される未来の予測天気図は，前章の**気象シミュレーション**の技術をもとに作成されます．気象シミュレーションは，ある時刻を起点（以下，初期時刻）として気象要素の時間変化を計算して未来の大気の状態を予測する手法であり，たとえば気象庁の短期予報（3日程度先までの予報）では1日4回決められた時刻に計算を実行して最新情報の提供に努めています．さて気象シミュレーションを実行するためには計算開始時刻の大気の状態を可能な限り正確に再現[1]したデータ（以下，**初期値**）を準備する必要がありますが，この初期値はどのように作成すればよいでしょうか．まずは地上観測や気球による高層観測，もしくは人工衛星などの観測データを利用することを思いつくかもしれません．観測データにもある程度の**誤差**[2]はありますが，基本的には現実を反映しているものと期待されます．しかし，気象シミュレーションの初期値については，前章の図11.2のような仮想空間上の格子点[3]すべてに対して，計算に使われる気象要素（気温，風，水蒸気など）のデータをすべて揃える必要があります．この格子点数は一時刻で観測できる格子点数を大きく上回るため，観測データだけで必要な情報を網羅することは不可能です．

そこで，全格子点の気象要素の値をもつデータとして，この初期時刻よりさら

[1] 数値予報モデルがどんなに高精度になっても，大気の性質上，初期値のわずかな違いによって予測結果が全く異なるものになります（バタフライ効果といいます）．より正確な初期値を利用することが気象シミュレーションでは重要です．

誤差 error

[2] 観測値の誤差の要因については，たとえば，ある気象要素を同一条件で観測しても，測器の構造などの要因により観測値がばらつく，といった偶然誤差などがあります．そのほか，数値予報モデルの解像度に依存する格子平均としての気象要素の値が観測値と合わない，といった代表性誤差などもあります．

[3] たとえば，現在（2020年7月）の気象庁全球モデルの解像度は水平方向20 km，鉛直方向100層ですので，格子点の数は水平1312360×鉛直100～約1.3億となります．この格子点すべてに必要な気象要素を揃える必要があります．

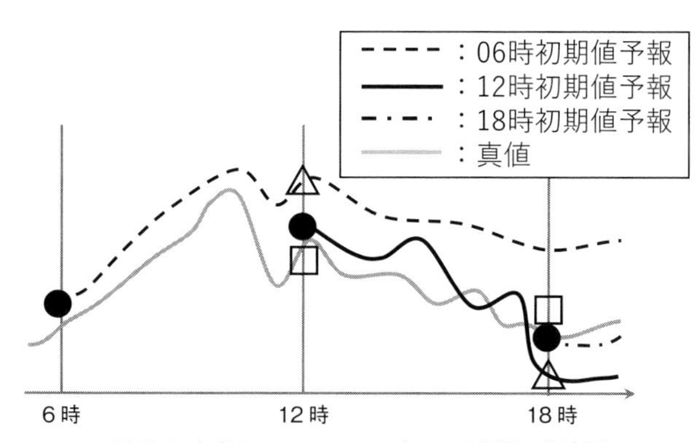

図12.1 気象シミュレーションとデータ同化の概念図
横軸は時間，縦軸は任意の気象要素（気温など）の大きさ．線グラフは●を初期値としてシミュレーションした気象要素の時間変化で6時間後の予報値を△で強調している．□は観測値である．その他グラフの線種については凡例を参照のこと．

予報値　forecast

に前の時間を起点とした気象シミュレーションの**予報値**を利用することを考えます．ただし予報値には大きな誤差が含まれるため，この誤差を減らすために，誤差が小さい観測値を組み合わせて予報値を修正します．この修正した値を気象シミュレーションの初期値として利用することで，予報値をそのまま初期値として扱うより高精度な計算結果を得ることができます．このように，複数の独立したデータを利用して最適な値を決定する処理のことを**データ同化**といいます．とくに気象シミュレーションではデータの仕様として気象シミュレーションに好都合である予報値を，より現実に近い観測値で修正する処理のことをさします．

この処理の概要について図12.1をもとに説明します．本図の線グラフは任意の気象要素の予報値と真値[4]の時間変化を表しており，予報値が真値に近いほど予報の精度が高いことを意味します．ここで，たとえば12時を初期時刻とする気象シミュレーションを実行することを考えます．まず，その前の6時を初期値として実行した気象シミュレーション[5]の12時における6時間予報値を計算します．この予報値は**観測値**と比べて大きな誤差を含んでいますが，12時の気象シミュレーションの初期値として必要とされる気象要素をすべて備えています．ただし，この予報値をそのまま初期時刻12時の初期値として気象シミュレーションを実行しても，初期時刻6時の気象シミュレーションの12時以降と同じ結果（破線）になり，真値から離れてしまいます．そこで，この予報値を観測値によって補正（図の12時に三角を黒丸に修正する処理）することで，より真値に近いデータ（黒丸）を作成します．この修正処理をしたデータを**解析値**といい，この解析値を初期値とした12時初期値の気象シミュレーション（実線）を実行すると，その次の18時には初期時刻6時の予報結果（破線）より真値に近い予報値を計算できます．

[4] 真値をとらえることは現実的には不可能です．データ同化による解析値も一定の条件下で計算される推定値である点に留意してください．

[5]「気象シミュレーションの実行」と書きましたが，実際の運用システムでは初期値作成用と天気予報用では別々に気象シミュレーションを実行しています．

観測値　observation

解析値　analysis

では，この手順について具体的に数式を使って説明します．なお実際の気象シミュレーションで使われている数式は非常に複雑ですので，本書では物体の**自由落下**の式を予測式と見立て，その落下速度の予測をする計算を通してデータ同化処理の手順を示します．まずは自由落下の落下速度vの時間変化を記述する予測式[6]について重力加速度（9.81 m/s^2）をgとして，次のように設定します．

自由落下　free fall

[6] 自由落下の式では時間とともに速度は加速していき最終的に速度無限大になりますが，天気予報で扱う数値予報システムでこのようなことはありません．実際の落下現象でも加速度が無限大まで大きくなるようなことはなく，ほとんど数秒で現象が終わってしまうものです．自由落下については数式のわかりやすさを優先して例として取り上げただけで，実際にデータ同化の対象となるような現象ではない点に注意してください．

$$v(t+\Delta t)=v(t)+g\Delta t \tag{12.1}$$

式（12.1）より時刻tでの速度$v(t)$から，そのΔt秒後の速度は$v(t)+g\Delta t$と計算されます．さらに実際に自由落下をしている物体に対して，落下直後からスピードガンで1秒ごとに速度を計測したと仮定します．このような状況設定では，式（12.1）が気象シミュレーションに相当してその計算値が予報値に，一方で，スピードガンによる計測が観測でその計測値が観測値にそれぞれ対応します．さて，物体を初速度0 m/sで自由落下させた結果，表12.1のような値が観測され

表12.1　落体の観測をした際の予報値と観測値の例

時間（秒）	1	2	3	4	5	6	7	8	9	10
観測値	9.76	19.46	30.08	37.42	47.58	55.61	63.14	73.12	79.51	85.37
予報値	9.81	19.62	29.43	39.24	49.05	58.86	68.67	78.48	88.29	98.10

たとします．なお表12.1には予報値も併記してあります．

この例では，時間が経過するほど予報値のほうが観測値より速度を大きく見積もっています．これは例えば式（12.1）で空気抵抗等が考慮されておらず，現実を表す式としては不十分であることなどが要因として考えられます．一方で，観測値については実際に起こっていることをとらえているため，予報値ほど大きな誤差はないものの，さまざまな要因により100％正確であるとは断定できません．そこで，この2種類のデータから最も妥当な速度の値を推定する方法として，以下のような推定式を利用します．

$$X_a(t) = (1-K)X_f(t) + Ky(t) \tag{12.2}$$

$X_f(t)$は予報値，$y(t)$は観測値で括弧内のtは時間です．Kは予報値に対する観測値の**信頼度**を0から1までの値で表しており，0で予報値，1で観測値を100％信頼することになります．この式の解である$X_a(t)$は解析値といって，信頼度Kの下で推定された最も妥当とみなされる値です．では，この式を表12.1の結果に適用します．たとえば$t=4$［s］のときに予報値は39.24 m/s，観測値は37.42 m/sでした．さらに事前の調査で予報値が20％，観測値が80％信用できると判断した場合，Kの値は0.8となります．実際この例では式（12.1）が現実をとらえきれていないので，観測値の信頼度を高くすることが妥当といえます．以上から$t=4$［s］での解析値は次のように計算できます．

信頼度　predictability

$$\begin{aligned} X_a(4) &= (1-K)X_f(4) + Ky(4) \\ &= (1-0.8) \times 39.24 + 0.8 \times 37.42 \\ &= 37.78\ [\mathrm{m/s}] \end{aligned} \tag{12.3}$$

さて，この計算を全時間ステップの値に適用することで，10秒までの解析値を計算することができます．しかし，予報値は予測時間が長くなるほどその誤差が大きくなります（天気予報も明日の予報と比べると1週間後の予報は精度が低いです）．それに伴い，この予報値で計算された解析値の信頼度も時間とともに低下します．そこで予報値を計算する際に，直前の予報値をそのまま使うのではなく，いったん解析値を計算して，その解析値を使って式（12.1）を計算することを考えます．ただし，計算回数の削減のため1秒ごとではなく，4秒ごとに解析値に置き換えてその値を初期値とした予測計算を繰り返し実行するとします．その結果が表12.2です．

「サイクル」行の白文字のセルはその時間に観測値を80％の信頼度（K=0.8の設定）で計算した解析値です．そのセルから右に並ぶセルの値は白文字の値を初期値として式（12.1）を解いた予報値です．なお，サイクル2の解析値はサイクル1の予報値（77.02 m/s）を用いて計算しています．「サイクル」行の値が，表の2段目の解析処理をしない予報値よりは観測値に近づいていることがわかるかと思います．このように一定の時間間隔で予報値を解析値に置き換えて継続的に予報処理を続けることを**解析予報サイクル**といいます．

解析予報サイクル　analysis-forecast cycle

ここまでの話でデータ同化での処理の大枠を説明しました．実際の天気予報に利用しているシステムでも6時間間隔（全球解析の場合）で解析を実行して予報

表 12.2　解析処理を加えた計算結果

時間（秒）	1	2	3	4	5	6	7	8	9	10
観測値	9.76	19.46	30.08	37.42	47.58	55.61	63.14	73.12	79.51	85.37
予報値	9.81	19.62	29.43	39.24	49.05	58.86	68.67	78.48	88.29	98.10
サイクル1				37.78	47.59	57.40	67.21	77.02		
サイクル2								73.90	83.71	93.52

値を解析値に置き換える処理を挟みながら数値シミュレーションに必要な初期値の作成を日々続けています．また，この仕組みを過去のデータに応用して過去の気象状況を再現することも可能です．12.3 節で説明する**再解析データ**は，この手法により過去の気象状況を可能なかぎり正確に再現する目的で作成されたデータセットです．では，次節でもう少し詳細にデータ同化手法の背景となる知識について説明します．やや複雑な話もありますが，主眼となるのは重み K を決めるプロセスについてもう少し詳細に解説することです．データ同化に関する大枠の理解で十分なときは，次節を飛ばしても問題ありません．

再解析データ　reanalysis data

12.2　最小分散推定と最尤推定について

データ同化の専門書を開くとさまざまな用語や手法についての説明が書かれていますが，大きくは**最小分散推定**と**最尤推定**[7] という 2 つの考え方を基本にしています．この 2 つは考え方だけではなく，実際に計算機上でプログラムを組むときにもその違いが反映されます．しかし，本節では実際の応用については触れず，とくに式（12.2）に相当する解析値の計算式を導出するプロセス（とくに式中の重み K の決め方）を通して，この 2 つの考え方の違いを説明することに焦点を絞りました．なお，最小分散推定，最尤推定のいずれも観測値（および予報値）と真値の間の誤差（標準偏差や分散として扱われることが多い）の値が必要です．たとえば予報値の誤差については，少しだけ値を変えた複数の初期値のもとで，同じ日時の初期時刻で走らせた予報結果のばらつき具合から誤差を見積もるなどの方法があります．この点についてはこれ以上説明しません．詳細については専門書（たとえば，淡路ほか 2009）を参考にしてください．

最小分散推定　minimum variance estimation

最尤推定　maximum likelihood estimation

[7] 最尤推定をもう少し一般化した考え方をベイズ推定といいます．ベイズ推定については たとえば小島（2015）などが初心者向けの教科書としてありますので，必要に応じて参照してください．

では，まず最小分散推定について説明します．この方法は解析値 X_a の真値 X_t からの誤差に相当する**分散**の式（12.4）を使って，この分散を最小にする条件を導く，というものです．なお式（12.4）の（2）式は，（1）式に式（12.2）を代入したものです．

分散　variance

$$\begin{aligned}\sigma_a{}^2 &= \langle (X_a(t) - X_t(t))^2 \rangle & \cdots (1)\\ &= \langle (\{(1-K)X_f(t) + Ky(t)\} - X_t(t))^2 \rangle & \cdots (2)\end{aligned} \tag{12.4}$$

真値は当然求めることができない値です．そこで真値を直接扱うのではなく，観測値と真値，および予報値と真値の間の誤差である分散の値（それぞれ式（12.5），（12.6））を利用することを考えます．前段落で少し触れましたが，これらの値はある程度事前に見積もることができます．

$$\sigma_y{}^2 = \langle (y(t) - X_t(t))^2 \rangle \tag{12.5}$$

$$\sigma_f{}^2 = \langle (X_f(t) - X_t(t))^2 \rangle \tag{12.6}$$

実際には式（12.4）の $\sigma_a{}^2$ を最小にする式を微分という数学的手法で導出したうえで，統計的な背景をもとに式を変形していくと，真値の項が消えて次の式（12.7）が導けます．この過程は省略しますので専門書（たとえば，淡路ほか 2009）を参考にしてください．

$$K = \frac{\sigma_f{}^2}{\sigma_f{}^2 + \sigma_y{}^2} \tag{12.7}$$

これにより解析値を求める式（12.2）は次のようになります．

$$X_a(t) = \left(1 - \frac{\sigma_f{}^2}{\sigma_f{}^2 + \sigma_y{}^2}\right) X_f(t) + \frac{\sigma_f{}^2}{\sigma_f{}^2 + \sigma_y{}^2}\ y(e) \tag{12.8}$$

この式を前節の自由落下の例について当てはめてみます．$t=4$ のときに観測値は 37.42 m/s，予報値は 39.24 m/s です．また事前に観測値，予報値の誤差を推定して，その**標準偏差**が観測値については 1 m/s，予報値についてややその誤差が大きいことを考慮して 2 m/s であるとき，解析値は次のように計算されます．

標準偏差 standard deviation

$$\begin{aligned} X_a(4) &= \left(1 - \frac{2^2[\mathrm{m/s}]^2}{1^2[\mathrm{m/s}]^2 + 2^2[\mathrm{m/s}]^2}\right) \times 39.24[\mathrm{m/s}] \\ &\quad + \frac{2^2[\mathrm{m/s}]^2}{1^2[\mathrm{m/s}]^2 + 2^2[\mathrm{m/s}]^2} \times 37.42[\mathrm{m/s}] \\ &= 37.78[\mathrm{m/s}] \end{aligned} \tag{12.9}$$

ここで計算された解析値が式（12.3）の計算結果と一致することがわかると思います．前節では K の値を任意に 0.8 と設定しましたが，ここで設定したように予報値，観測値の誤差情報から式（12.7）を使ってこの値が計算できることが理解できたかと思います．この最小分散推定を実際のデータ同化に利用した手法として**最適内挿法**や**カルマンフィルタ**などがあります．

最適内挿法 optimum interpolation method
カルマンフィルタ Kalman filter

では次に，最尤推定について説明します．たとえばまず観測値についてその値を確率変数とみなし，実際の観測値だけでなくその前後の値も観測されうる値であると考えます．次に観測されうる値とその確率の関係について，実際の観測値が観測される確率を最大として確率密度関数という数式（関数）で設定します．同様に予報値についてもこのような関数を設定して，さらにこれら 2 つの関数をかけ合わせることで観測値，予報値両方の特性を反映した確率分布を表す新たな関数を導出して，その分布でもっとも高い確率になる値を解析値とします．このように最尤推定では，解析値を確率の分布をもとに推定します．

もう少し具体的にこの手順を見ていきます．たとえば前節の例のように 37.42 m/s という値が観測された場合，この値が観測される確率が「尤も」高いとすると，その確率密度関数は図 12.2 のような釣鐘型のグラフで表現されます．

ここで同図の左図を使ってグラフの見方について説明します．グラフ横軸は対象とする物理量ですが，本図では前節の自由落下の $t=4$ での観測値を例として

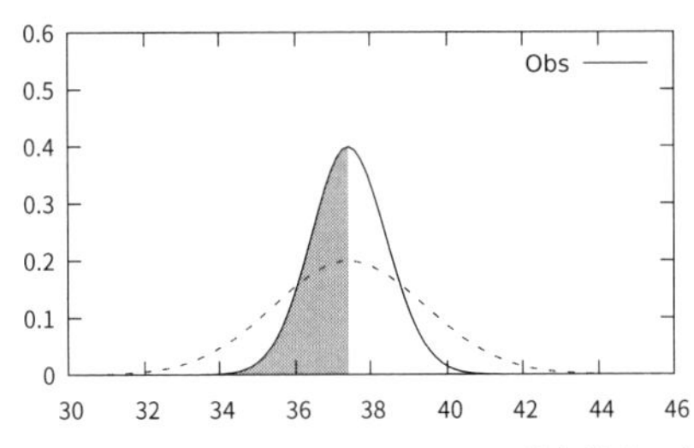

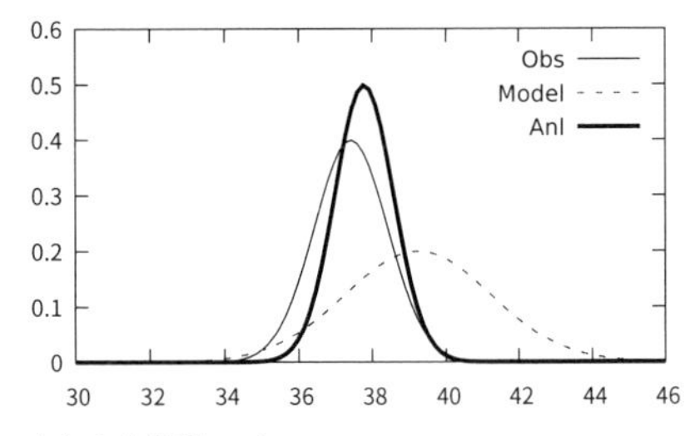

図 12.2　最尤推定で利用する確率密度関数のグラフ
横軸は着目している気象要素の値．釣鐘型のグラフと縦軸 0 までの範囲の面積で確率を示す．たとえば左図グレー部分の面積は 0.5 になりちょうど 50 % であることを示す．右図は第 12.1 節の自由落下 $t=4$ のときの観測値（Obs），予報値（Model）およびこれらから計算した解析値（Anl）の確率密度関数を示す．

示していて，その値は落下速度になります．この釣鐘型のグラフはその物理量（ここでは観測値）の出現確率を示しており，その頂点での横軸の値が 37.42 m/s，また標準偏差が 1 m/s であることを前提として作成しています．また，このグラフでは特定の値が観測される確率を直接決めることはせずに，その値以上（もしくは以下）になる確率をグラフの領域で決定します．

もう少し説明すると，このグラフを横軸に沿って負の無限大から正の無限大までその面積を求めると 1.0 になり，この値を確率 100 % とみなせます．その下で，たとえば「37.42 m/s 以下になる確率」はグレーの網かけ部分の面積の 0.5 となり 50 % であることを意味します．またこのグラフでは，たとえば 34.00 m/s より小さい確率は面積がほぼ 0 ですので，観測値が 34.00 m/s 以下になる確率はほぼ 0 % となります．縦軸が確率の値そのものではない点に注意してください．なお同じ左図の中に点線で示したグラフを併記してありますが，これは誤差に相当する標準偏差だけ実線のグラフから倍に設定したときの分布です．裾が長くなり 0 に漸近するまでの距離が広くなった分だけ誤差が大きくなっていることを意味します．

以上が確率密度関数のグラフの見方です．次に同様に予報値についても同様のグラフを用意します（図 12.2 の右図の点線グラフ）．予報値のほうが誤差を広めにとっているので釣鐘の裾が広くなります．これら 2 つのグラフをかけ合わせて，値を少し調整すると Anl で示されるグラフ（図の太実線）となります．これが解析値として計算される値の確率を示したグラフです．山頂に当たる部分が予報値と観測値のグラフの山頂の間に位置していますが，観測値のグラフの山頂により近いことがわかりますでしょうか．これにより予報値と比べて観測値のほうがより高い信頼度があることを意味しています．若干回りくどい方法にみえますが，このようにして解析値を確率的に尤もありそうな値として推定する方法を最尤推定といいます．

正規分布　normal distribution

なお，実際には確率分布を表す式を使って最終的に解析値を計算する式を導出するのですが，確率分布を示すグラフを**正規分布**という関数で表した場合，解析値を示す数式としては式（12.8）と同じ形になります．実際，図のグラフは正規分布をもとにしたグラフで，最終的に導かれた解析値を示すグラフ（Anl）の山頂に当たる横軸の値は 37.38 m/s となり，最小分散推定の結果と一致します．

最尤推定の考え方は最小分散推定に比べてやや複雑ですが，この考え方をもとに使われる数式を応用すると，観測と予報で単位の異なるデータを扱うことが容易になるという利点があります．とくに衛星データの観測値は第 10 章にあるように輝度温度というデータになります．最尤推定ではこの値を数値予報で扱っている気象要素に変換せずに直接利用することができます．

さて，これまでの説明でデータ同化の背景となる考え方を紹介しましたが，最後に次節で触れる再解析データ JRA-55 で利用している**四次元変分法**について簡単に説明します．ここまでの例では自由落下という一次元の運動を例にしていましたが，実際の大気は三次元空間です．最尤推定の考え方を三次元空間に拡張[8]したものを**三次元変分法**といいます．この三次元変分法では適用するデータはすべて同じ時刻のデータとみなされるため，同化を実行する時刻から少し離れた時刻のデータについては時間変化が考慮されません．この時間変化を考慮する同化手法を四次元変分法といいます．

四次元変分法 four-dimensional variational assimilation method

[8] 天気予報では空間を三次元として取り扱います．観測のない場所でも観測の情報を可能な限り利用するために，異なる地点同士の相関関係も考慮することになります．

三次元変分法 three-dimensional variational assimilation method

図 12.3 は三次元変分法（左図），四次元変分法（右図）それぞれの概念図を示しています．なお，自由落下の例のような 2 変数のデータを一次元で扱う事例では，図 12.2 の釣鐘型のグラフの頂点を微分という数学的手法で推定できますが，三次元になると扱うデータが格段に増えるため，微分ではなく「変分法」という考え方で処理する点が異なってきます．

では，四次元変分法について図をもとに説明します，ここで計算対象となる値は 12 時の解析値です．まず一度，6 時の初期値から 12 時まで気象シミュレーションを実行して予報値（破線）を計算します．その予報値について 12 時の予報値だけでなく，途中の時刻でも観測があれば予報値が観測値からどの程度離れているかを**評価**します．その評価結果をもとに初期時刻の解析値を再度修正して，同じように気象シミュレーションを行って再度評価します（点線）．この処理を繰り返し，評価結果が最小になる値で解析値（実線）を決定します．このように四次元変分法の利点は，観測データの時間依存性を考慮しているということ，さらに数値予報モデルによる時間発展の拘束が入ることで，物理的に整合した解析値が得られることにあります．

評価 evaluation

以上，データ同化手法について 12.1 節よりもう少し詳細に進め，最尤推定の四次元変分法について説明しました．次の 12.3 節では，これまで説明したデータ同化手法の応用例の一つである再解析データについて説明します．

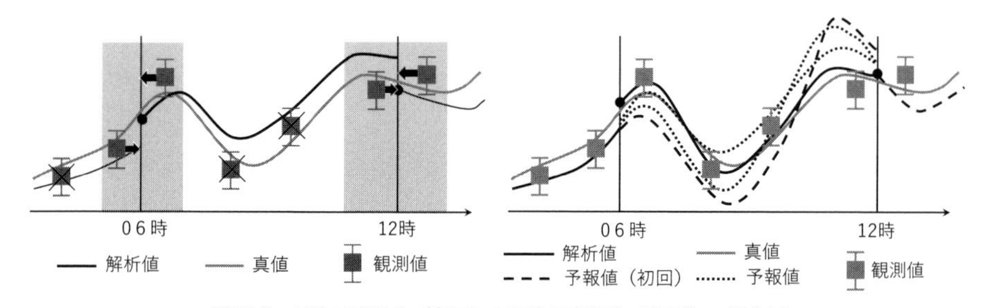

図 12.3 三次元変分法（左図）と四次元変分法（右図）の概念図
横軸は時間，縦軸は任意の気象要素の大きさ，観測値の上下の線はその誤差の範囲を示す．三次元変分法は同化をする時刻の直前直後（図中グレー領域部分）の範囲にあるデータしか利用しない．四次元変分法ではそれ以外の時刻の観測データとの差も最小になる気象シミュレーションの結果を決めるため，少しずつ初期値を変えながら同じ時間ステップの間で複数回気象シミュレーションを実行する．

12.3　再解析データとは－JRA-55について－

異常気象や温暖化の研究分野では，気象状態について現在だけではなく過去からの変化を把握することが必要です．この目的に対して実際に天気予報に利用している予報・解析システムで計算されたデータは，水平・鉛直方向に一定の間隔にデータを備えた空間的,時間的に均一なデータとして利用可能性のあるもので，日々の解析結果についてもある程度の蓄積は可能です．しかし，現業の天気予報のシステムは予報結果の精度向上が最優先であるため，随時システムを変更しています．そのため，蓄積されるデータは品質が不均一となり，過去と現在のデータの精度よい比較が困難になります．再解析データとはこのような背景から，過去から現在までの気象状況を再現した，品質の均質なデータセットの要請に応えるデータとして，天気予報システムとは独立に作成されたものです．

ここで再解析の歴史について，大野木（2018）の記述を参考にして簡単に記述します．前記のような過去から現在にかけて地球全体をカバーするデータセットについてはTrenberth and Olson（1988），Bengtsson and Shukla（1988）が提唱して，その後，米国環境予測センター（NCEP）がNCEP/NCAR R1（Kalnay et al. 1996），ヨーロッパ中期予報センター（ECMWF）がERA-15というプロダクト名で（Gibson et al. 1997），それぞれ再解析を実施しました．その後も両センターとも後継のプロダクトを作成して現在も継続的にプロダクトを提供しています．一方，日本では気象庁と電力中央研究所が共同で1979年から2004年を解析対象期間とした**JRA-25**を実施しました（Onogi et al. 2007; 大野木ほか2007）．さらにその後,解析開始年を1958年とした**JRA-55**を実施して（Kobayashi et al. 2015; 古林ほか 2015），現在（2020年7月）も準リアルタイムでプロダクトの作成を継続しています．

再解析の作成方法は，基本的には予報―解析のサイクルを繰り返す日々の予報システムと同じイメージです．まず，決められた初期値から数値シミュレーションにより6時間予報値を計算します．その予報された気象場に対して，観測値を使ってデータ同化をすることで，その時刻の解析場を作成します．このデータ同化解析手法については，JRA-25では三次元変分法，JRA-55では四次元変分法が用いられています．そして，この解析値のデータを初期値として，次の6時間予報値を再び計算するということを繰り返していきます．なお，利用する数値予報モデルについては，データ作成開始時の最新の予報モデル（実際には準備の関係上，計算開始時より少し古い版になることもありますが）を利用しており，JRA-55では2009年12月時点の気象庁全球数値予報モデルを利用しています．前述のように現在もJRA-55再解析の延長としてプロダクトの作成は準リアルタイムで継続していますが，均質なデータの作成という目的のもと，数値予報モデルは計算開始当時のものを利用しています．

再解析データにはさまざまな用途があります．たとえば，気象災害，異常気象等が発生した際の要因分析に利用されます．図12.4はJRA-55を利用して描画した200 hPa高度での流線関数5日平均値（2018年7月4～8日，実線），および平年偏差（グレースケール）[9]の図です．この期間は西日本を中心に多くの被害

[9] 長期予報では空間的・時間的にスケールの大きい現象をおもに扱います．このような現象は，日々のデータでは読み取ることができないため，気象要素の値を数日平均することで抽出されます．例えば図12.4で示した波は地球が球形であり，その回転速度の鉛直成分が緯度によって異なることによって発生するロスビー波という波の性質をもったものです．ロスビー波は北半球では西に動く性質がありますが，西風を受けて停滞，もしくは東に移動しているように見えます．より詳しい解説は木本（2017），前田（2013）などを参照ください．

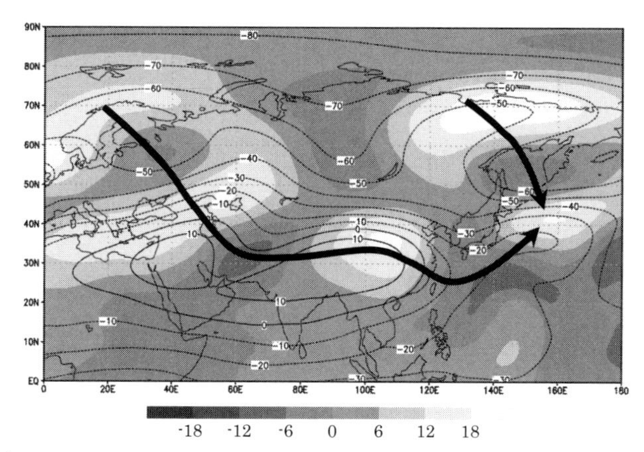

図 12.4 2018年7月4～8日の5日平均200 hPa高度流線関数（線）および平年偏差（グレースケール）（単位：$10^6\,m^2/s$，気象庁異常気象分析検討会（平成30年度臨時会）資料をもとにJRA-55データで別途作成）
図中の矢印に沿って正負の偏差が並んでいる．このような場では波のエネルギーが矢印に沿って東向きに伝播して日本の東の正偏差を強めている．

をもたらした「平成30年7月豪雨[10)]」が発生していた時期です．**流線関数**は風速の回転成分を表しており，北半球では大きい値を右にみる形で等値線上に風が流れ，とくに平年偏差では0より大きい値が高気圧性（時計まわり＝正の方向）偏差，小さい値が低気圧性（反時計まわり＝負の方向）偏差の回転をしています．これらの正負の偏差が並ぶと波のような構造になり，図ではスカンジナビア半島付近からユーラシア南部を経由して日本の東に到達する波，およびシベリア東部から日本の東に到達する波によって日本の東の正偏差が強められています．つまり上空の正偏差が強められることで，その場所の低気圧が強化されるような状態であったことが大雨の要因の一つであると推測されます．再解析データは，このように空間的に広いスケールでの気象場の変動の解析に使われるほか，季節予報での基礎資料の作成などにも利用されています．

10) 本災害については平成30年度異常気象分析検討会（臨時会）でその要因について詳細に論議されました．気象庁ホームページの同分析検討会のページから資料が入手可能です．

流線関数 stream function

なお，再解析データは，真の気象状態を表した値でないということに留意が必要です．上述の通り再解析は日本だけではなく海外の機関でも行われていますが，それぞれのデータセットには固有の癖があります．例として原田ほか（2014）ではJRA-55プロダクトをJRA-25プロダクトと比較して，気温の均質性の向上や，降水量の空間分布の改善項目を紹介しています．その一方で次期プロダクト作成時には解決すべき課題として，たとえば，全球の**可降水量**がほかの再解析データと比べて少ないといったことも同論文で報告しています．実際，Matsuyama et al.（2020）は日本国内におけるGPS可降水量とJRA-55の可降水量を比較して，この点について確認しています．JRA-55を含む再解析データについては，こういった特性を知ったうえで利用することが大事になります．〔宮岡健吾〕

文　献

淡路敏之・蒲地政文・池田元美ほか 2009．『データ同化―観測・実験とモデルを融合するイノベーション』京都大学学術出版会．
大野木和敏 2018．全球大気長期再解析JRA-25およびJRA-55の推進―2017年度藤原賞受賞記

念講演―. 天気 65: 81-102.

大野木和敏・筒井純一・小出 寛ほか 2008. 長期再解析 JRA-25. 露木 義・川畑拓矢編『気象学におけるデータ同化』気象研究ノート No. 217: 163-205. 日本気象学会.

木本昌秀 2017.『「異常気象」の考え方（気象学の新潮流 5)』朝倉書店.

小島寛之 2015.『完全独習 ベイズ統計学入門』ダイヤモンド社.

古林慎哉・太田行哉・原田やよいほか 2015: 気象庁 55 年長期再解析（JRA-55）の概要. 平成 26 年度季節予報研修テキスト, 気象庁地球環境・海洋部 66-115. https://www.jma.go.jp/jma/kishou/books/kisetutext/27/chapter2.pdf（最終閲覧日 : 2020 年 8 月 22 日）

原田やよい・古林慎哉・太田行哉ほか 2014. 気象庁 55 年長期再解析（JRA-55). 天気 61: 269-275.

前田修平 2013: 季節予報に関わる現象のメカニズムを理解するための力学的な基礎知識. 平成 24 年度季節予報研修テキスト, 気象庁地球環境・海洋部 : 282-318. https://www.jma.go.jp/jma/kishou/books/kisetutext/25/all.pdf（最終閲覧日 : 2020 年 7 月 23 日）

Bengtsson, L. and Shukla, J. 1988. Integration of space and *in situ* observations to study global climate change. *Bulletin of the American Meteorological Society* 69: 1130-1143.

Gibson, J. K., Kallberg, P., Uppala, S. et al. 1997. ERA description. In *ECMWF ERA-15 project report series, No. 1*. Shinfield, Reading : European Centre for Medium-Range Weather Forecasts.

Kalnay, E., Kanamitsu, M., Kistler R. et al. 1996. The NCEP/NCAR 40-year reanalysis project. *Bulletin of the American Meteorological Society* 77: 437-471.

Kobayashi, S., Ota, Y., Harada, Y. et al. 2015. The JRA-55 reanalysis: General specifications and basic characteristics. *Journal of the Meteorological Society of Japan* 93: 5-48.

Matsuyama, H., Flores, J., Oikawa, K. et al. 2020. Comparison of precipitable water via JRA-55 and GPS in Japan considering different elevations. *Hydrological Research Letters* 14: 9-16.

Onogi, K., Tsutsui, J., Koide, H. et al. 2007. The JRA-25 reanalysis. *Journal of the Meteorological Society of Japan* 85: 369-432.

Trenberth, K. E. and Olson, J. G. 1988. An evaluation and intercomparison of global analyses from the National Meteorological Center and the European Centre for Medium Range Weather Forecasts. *Bulletin of the American Meteorological Society* 69: 1047-1057.

13 豪雨に伴う土砂災害

日本は世界的にみても降水量が多い地域です．また日本の約７割は山地であり，豪雨に伴い頻繁に斜面崩壊（土砂災害）が発生します．本章では，斜面崩壊の誘因となる雨量に着目した斜面崩壊の発生予測の考え方と，日本列島で斜面崩壊が発生する際の雨量の特徴を説明します．

13.1 斜面崩壊の発生と土砂災害

日本の国土の約7割は山地であり，また**梅雨前線**や**台風**に伴い頻繁に**豪雨**が発生します．このため，豪雨に起因する**斜面崩壊**が毎年多数発生します．斜面崩壊の発生は，**土砂災害**として社会，経済に大きな損害を与えます．国土交通省砂防部（2018）によれば，近年，毎年1000件以上の土砂災害が発生しています．

豪雨　heavy rainfall
斜面崩壊　landslide
土砂災害　landslide disaster

図13.1（a）は，2001年から2011年までの11年間に日本列島で発生した4744件の斜面崩壊（降雨に起因するもの）の密度です．4744件は斜面崩壊の発生場所や日時が判明した事例であり，実際にはより多数の斜面崩壊が発生しています．図13.1（b）は，**レーダー・アメダス解析雨量**から計算した，同期間の年平均降水量です．レーダー・アメダス解析雨量は，気象レーダ観測による空間的に連続した降水の分布と，アメダスなどの地上降水量計による観測値を組み合わせ，降水量を空間的に精度よく解析したものです（新保 2001a, b）．日本列島でみると，北海道では年降水量が1000 mm以下の地域がある一方で，西南日本の太平洋側では年降水量が4000 mmを超える地域もあります．このように，とくに西南日本では豪雨が頻繁に発生し，それに応じて斜面崩壊の発生密度も高くなっています（図13.1a）．

レーダー・アメダス解析雨量　Radar/Raingauge-Analyzed Precipitation

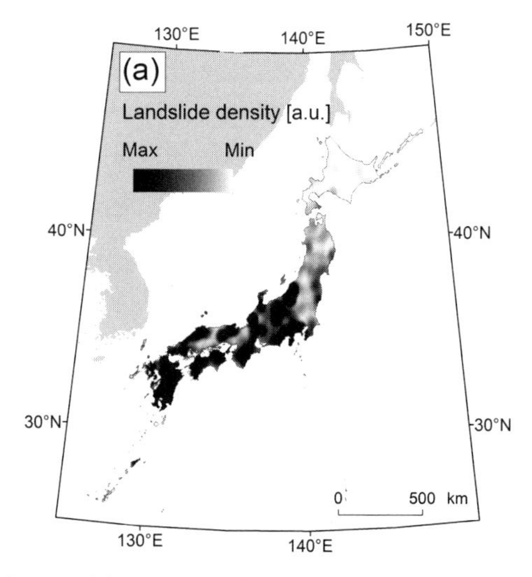

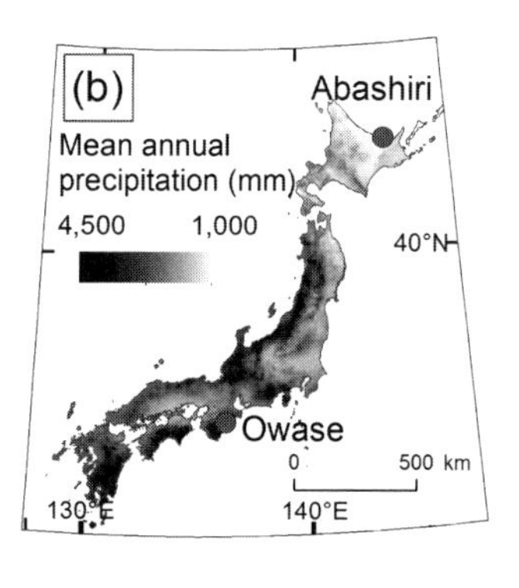

図13.1 (a) 2001～2011年の豪雨に伴う斜面崩壊の発生密度と，(b) レーダー・アメダス解析雨量から計算した同期間の年平均降水量（Saito et al. 2014を編集，口絵カラー参照）

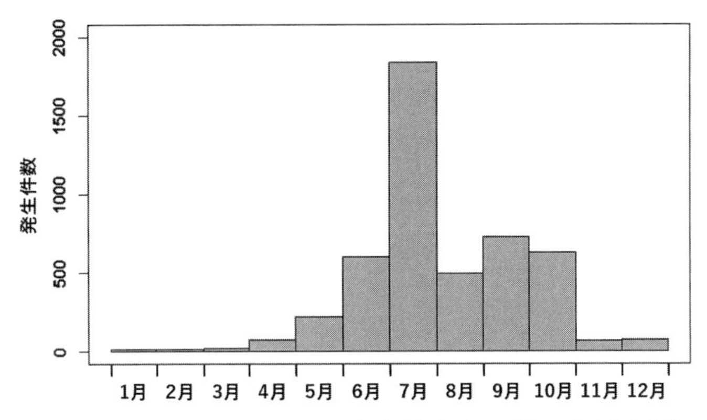

図13.2　2001～2011年の豪雨に伴う斜面崩壊（4744件）の月別発生件数

図13.2は，月別の斜面崩壊発生件数を示しています．豪雨に伴う斜面崩壊は，おもに6～10月に集中的に発生しています．とくに7月の発生件数は，1500件を超えています．これらは，梅雨前線や台風に伴う豪雨によって，多数の斜面崩壊が発生していることを示しています．

過去に斜面崩壊がどのくらいの雨量で発生したのかを知ることは，斜面崩壊の発生予測や土砂災害警戒のために重要です．斜面崩壊の発生と雨量との関係を調べる際には，おもに，**雨量指標**を用いた**統計的手法**[1]と，土層への降雨浸透を考慮した斜面安定に関する**物理的モデル**[2]による手法があります（たとえば，地盤工学会 2006）．一般に斜面崩壊は，誘因となる降雨と，地形・地質などの素因とが複雑にからみ合って発生します．直接的には，地下水位や土層の含水量などが斜面崩壊の発生にかかわります（飯田 2012）．よって，物理的モデルを用いた斜面崩壊の発生予測はより合理的な方法です．しかし，そのためには斜面の土層特性や透水特性等のさまざまな情報が必要になります．これらの情報は，現時点ではリアルタイムかつ広域的に把握することが困難です．そこで間接的に，観測された雨量指標の統計分析に基づく斜面崩壊の発生予測が行われています．また，斜面崩壊と雨量との関係は，流域全体での斜面崩壊に伴う土砂生産や，斜面崩壊発生の地域的理解のために最も基本的な情報といえます．以下では，雨量指標を用いた斜面崩壊の発生予測や，日本列島での斜面崩壊発生の特徴を説明します．

雨量指標　rainfall index
統計的手法　statistical method

[1] 統計的手法とは，過去に発生した斜面崩壊と雨量との関係を統計的に分析し，斜面崩壊が発生し得る基準となる雨量を求める方法のことです．

物理的モデル　physical model

[2] 一般に降雨による斜面崩壊（おもに表層崩壊）は，降雨の土層への浸透と土層の不安定化という2つのプロセスからなります．これらを力学的に解析して斜面崩壊の発生を予測するのが，物理的モデルを用いた方法になります．詳細については，巻末の文献案内を参照してください．

13.2　雨量指標を用いた斜面崩壊の発生予測

雨量指標を用いて斜面崩壊の発生を予測する際には，過去に斜面崩壊が発生した際の雨量を統計的に分析し，斜面崩壊が発生し得る最小の雨量（以下，**基準雨量**）を調べます．その際に，観測された雨量は，分単位，時間単位，日単位，月単位，年単位とさまざまな期間で集計可能です（図13.3）．たとえば，10分間雨量は，一般に，毎正時から10分ごとに，それまでの10分間の**累積雨量**を表します．同様に1時間雨量は，毎正時ごとの，それまでの1時間の累積雨量です．24時間雨量は任意の24時間の累積雨量であり，日雨量の場合は午前0時から24時までの24時間累積雨量になります．

基準雨量　critical rainfall
累積雨量　accumulated rainfall

また**一連の降雨**（通常は，任意の無降水期間で区切られるひとまとまりの降雨）

一連の降雨　rainfall event

を定義し，その期間中の累積雨量，**最大1時間雨量**，**降雨継続時間**，**平均雨量強度**（累積雨量を降雨継続時間で除したもの）などや，先行降雨（一連の降雨よりも前の累積雨量，前期雨量ともいう）といった指標が用いられます（図13.3）．一連の降雨は，通常，24時間の無降水継続期間を用いて定義されることが多いです（気象庁統計課 1960）．累積雨量や先行降雨について，過去の雨量の影響が時間とともに減少することを考慮し，任意の半減期を設けた**実効雨量**（矢野 1990）も用いられてきました．

最大1時間雨量 maximum hourly rainfall
降雨継続時間 rainfall duration
平均雨量強度 mean rainfall intensity

実効雨量 effective rainfall

さらに，斜面崩壊は土層中の水分量がある値に達したときに発生すると考えて，その水分量に着目する方法も多数提案されてきました（地盤工学会 2006）．代表的なものに，**タンクモデル**を用いた**土壌雨量指数**（岡田ほか 2001）があります．タンクモデルとは，降雨が土壌中に浸透した後，流出する状況を表現したモデルであり，河川流出の計算に用いられてきました．よって，雨量から流出した水の量を減ずれば，それは土壌中に残っている水分量と考えることができます．この点に注目し，3段直列のタンクモデルを用いて概念的に土壌中の水分量を指数化したものが土壌雨量指数です（岡田ほか 2001）．

タンクモデル tank model
土壌雨量指数 Soil Water Index

斜面崩壊の発生には，それまでに降った雨の総量と，その時点に降っている雨の強さの両者が関係します．1時間雨量のような時間単位の雨量指標は，降雨の強さを評価できても，それまでの降雨の総量を評価できません．逆に，累積雨量のような雨量指標では，降雨の強さを評価できません．よって，短時間と長時間の雨量に関する指標や，降雨継続時間と雨量強度のような2つ以上の指標を組み合わせて，斜面崩壊の基準雨量が調べられてきました．

基準雨量を調べる際には，2つの雨量指標からなる座標平面上に，斜面崩壊が発生した降雨と非発生の降雨をプロットします（図13.4）．そして，その境界を基準雨量とします．しかし，斜面崩壊が非発生の降雨は，本当にその降雨によって斜面崩壊が発生していないかを調べることは困難な場合があります．そのような場合は，斜面崩壊が発生した降雨のみをプロットして，その下限を基準雨量と

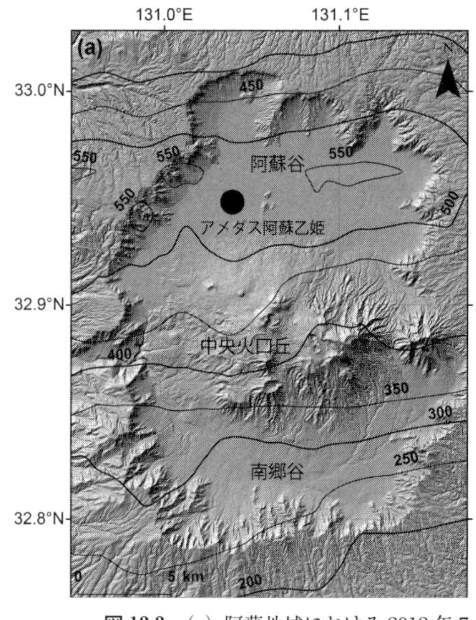

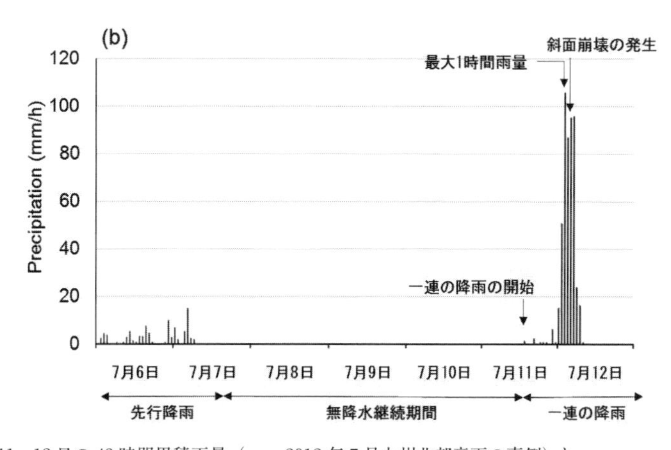

図13.3 (a) 阿蘇地域における2012年7月11〜12日の48時間累積雨量（mm, 2012年7月九州北部豪雨の事例）と，(b) アメダス阿蘇乙姫で観測された7月6〜12日の1時間雨量（齋藤ほか 2016を編集）

します．

たとえばOnodera et al.（1974）は，神奈川県と千葉県で発生した斜面崩壊を対象に，累積雨量と最大1時間雨量を用いて，基準雨量を検討した先駆的な研究です．その後Caine（1980）では，世界各国から土砂災害事例を収集し，平均雨量強度と降雨継続時間を用いて基準雨量が調べられました．この研究は，73事例の斜面崩壊と土石流の分析ですが，基準雨量の考え方を示した論文として，その後多くの研究で引用されてきました．また，Guzzetti et al.（2007；2008）では，世界から2626件の斜面崩壊事例を収集し，Caine（1980）が示した平均雨量強度と降雨継続時間との関係を再検討しました．さらに，気候帯ごとの基準雨量の違いを示しました．平均雨量強度以外に，累積雨量と降雨継続時間との関係から基準雨量を調べ，斜面崩壊の発生の地域的特徴を明らかにする研究も世界各地で行われています（Peruccacci et al. 2017）．

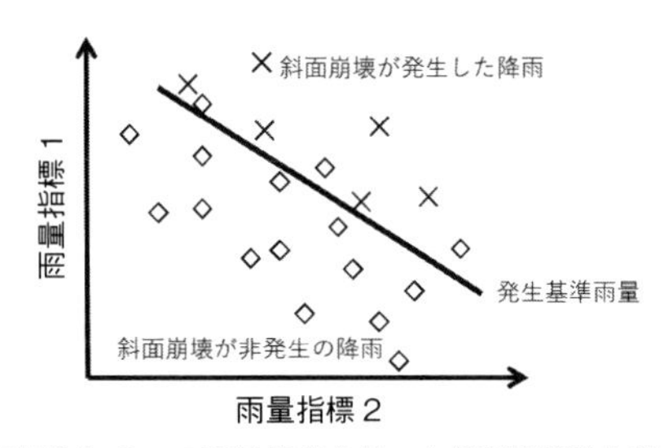

図13.4　2つの雨量指標を用いた斜面崩壊発生基準雨量の例

現在の日本では，降雨に伴う土砂災害の危険度評価のために，大雨警報（土砂災害）や土砂災害警戒情報などが運用されています．その際には，長時間の雨量指標として土壌雨量指数，短時間の雨量指標として60分間積算雨量を組み合わせた基準雨量が使われています（Osanai et al. 2010）．基準雨量は，全国5 kmグリッド（2019年から順次1 kmグリッドに変更）単位に設定されています．レーダー・アメダス解析雨量と，降水短時間予報を用いた数時間先までの降雨の予測値を用いて，これらが基準雨量を超えるときに，大雨警報（土砂災害）や土砂災害警戒情報が発表されます．これらの情報は，気象庁（2020）のウェブサイトで閲覧可能です．

13.3　日本における斜面崩壊と平均雨量強度－降雨継続時間との関係

日本では，毎年多数の斜面崩壊が発生します．それでは，斜面崩壊はどの程度雨が降ったときに発生しているのでしょうか？

Caine（1980）以降，世界各地で平均雨量強度と降雨継続時間を用いた基準雨量が調べられ，地域間の比較や，基準雨量の地域特性が検討されてきました．日本においても，個別の事例については，斜面崩壊の発生と雨量との関係が調べられてきました．しかし，日本全域で斜面崩壊の発生と雨量との関係を比較し，世界と比較したものはありませんでした．そこで，平均雨量強度と降雨継続時間に注目して，日本において斜面崩壊が発生し得る基準雨量について調べました．

2006～2008年の3年間に，降雨により発生した1174件の斜面崩壊事例から，その降雨の特徴を調べました．これらの事例は発生場所と発生日時が判明している事例であり，レーダー・アメダス解析雨量を用いることで，それぞれの斜面崩壊発生時の降雨の状況を調べることができます．ここでは，24時間の無降水継続時間で区切られる降雨を一連の降雨として，一連の降雨の開始から斜面崩壊が発生した時刻までの平均雨量強度I（mm/h）と降雨継続時間D（h）を計算しました．

図13.5では，1174件の斜面崩壊事例における平均雨量強度Iと降雨継続時間

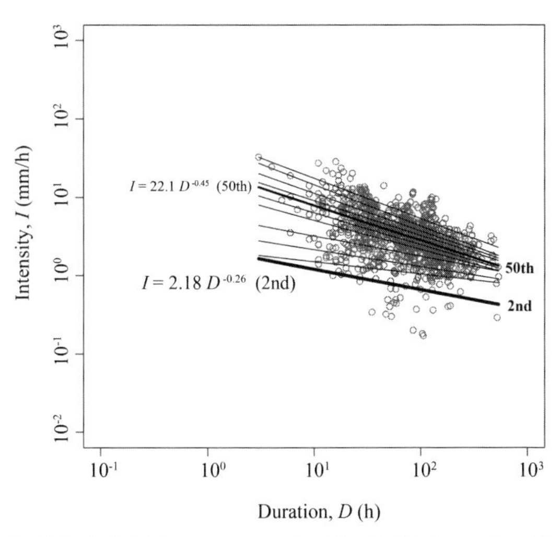

図 13.5 日本全国で 2006〜2008 年の間に発生した 1174 件の斜面崩壊事例における平均雨量強度 I －降雨継続時間 D との関係

実線は分位点回帰分析による，下から 2 %，5 %，10 %，20 %，30 %，40 %，50 %，60 %，70 %，80 %，90 % 分位点における回帰直線（Saito et al. 2010）．

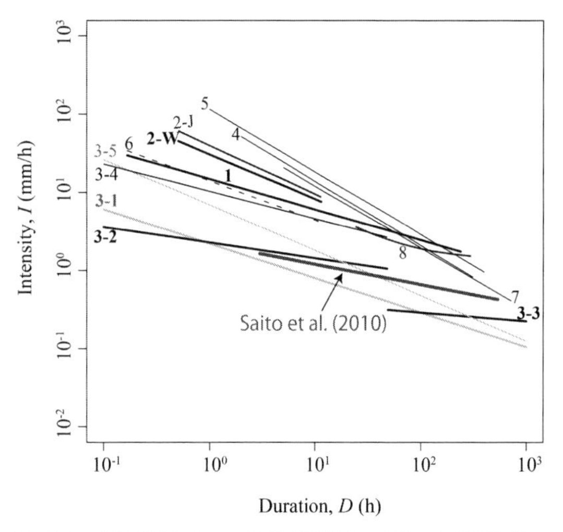

図 13.6 平均雨量強度 I －降雨継続時間 D を用いた斜面崩壊の発生基準雨量の比較

各実線の番号は表 13.1 と対応する（Saito et al. 2010 を編集）．

D との関係を，両対数グラフで示しています．斜面崩壊が発生する雨には，短時間の強い雨から長時間継続する雨まであります．また右下がりの傾向は，長時間継続する降雨では平均雨量強度が小さい雨でも斜面崩壊が発生し得ることを示しています．この分布の下限が斜面崩壊の基準雨量となります．そこで，**分位点回帰分析**[3] という手法（Koenker and Hallock 2001）を用いて，下限 2 % 分位点における回帰線を基準雨量としました（図 13.5）．その結果，下記の基準線が得られました（式(13.1)）．

$$I = 2.18\ D^{-0.26} \quad (3 < D < 537\ [\mathrm{h}]) \tag{13.1}$$

分位点回帰分析 quantile regression

[3] 分位点回帰分析とは，25 % 分位点，50 % 分位点（中央値），75 % 分位点などの分位点に基づく回帰分析のことです．

次に，日本の基準雨量の特徴を知るために，世界中で調べられた基準雨量と比

表 13.1 平均雨量強度（mm/h）－降雨継続時間（h）を用いた基準雨量に関する研究（Saito et al. 2010）

文献	地域	回帰直線	降雨継続時間(h)	図13.6中の番号
Caine(1980)	世界	$I = 14.82\ D^{-0.39}$	$0.167 < D < 240$	1
Jibson(1989)	世界	$I = 30.53\ D^{-0.57}$	$0.5 < D < 12$	2-W
Guzzetti et al.(2008)	世界	$I = 2.20\ D^{-0.44}$	$0.1 < D < 1000$	3-1
	世界	$I = 2.28\ D^{-0.20}$	$0.1 < D < 48$	3-2
	世界	$I = 0.48\ D^{-0.11}$	$48 \leqq D < 1000$	3-3
Guzzetti et al. (2008)	Cfa	$I = 10.30\ D^{-0.35}$	$0.1 < D < 48$	3-4
	Cfa	$I = 6.90\ D^{-0.58}$	$0.1 < D < 1000$	3-5
Larsen and Simon (1993)	プエルトリコ	$I = 91.46\ D^{-0.82}$	$2 < D < 312$	4
Chien-Yuan et al. (2005)	台湾	$I = 115.47\ D^{-0.80}$	$1 < D < 400$	5
Cannon et al. (2008)	南カリフォルニア	$I = 14.0\ D^{-0.5}$	$0.167 < D < 12$	6
Dahal and Hasegawa (2008)	ネパール ヒマラヤ	$I = 73.90\ D^{-0.79}$	$5 < D < 720$	7
Jibson (1989)	日本	$I = 39.71\ D^{-0.62}$	$0.5 < D < 12$	2-J
Hong et al. (2005)	四国(日本)	$I = 1.35 + 55\ D^{-1.00}$	$24 < D < 300$	8
Saito et al. (2010)	**日本**	$\mathbf{I = 2.18\ D^{-0.26}}$	$\mathbf{3 < D < 537}$	

Cfa はケッペンの気候区分の温暖湿潤気候である．

較しました．その結果を示したのが，図13.6と表13.1です．これらから，Saito et al.（2010）で明らかとなった日本の基準雨量は世界の中でも小さく，比較的小さい雨量で斜面崩壊が発生し得ることがわかりました（図13.6）．日本の国土は山地や丘陵が多くを占めます．またとくに風化の進んだ花崗岩山地や火山地域は，小さい雨量でも斜面崩壊が発生しやすい場所です．このような日本の地形と地質的な条件も反映して，日本は世界の中でも，降雨に伴う斜面崩壊が発生しやすい地域といえます．

13.4　降雨と斜面崩壊の頻度と規模との関係

基準雨量は，斜面崩壊が発生し得る最小の雨量です，それでは，基準雨量を超えて雨量が増加すると，どのような斜面崩壊が発生するのでしょうか？　一般に，雨量が増加すれば，斜面崩壊の数は増加し，その規模も増加すると考えられます．

そこで，斜面崩壊事例の収集期間を広げ，2001～2011年の11年間に発生した4744件の斜面崩壊事例（図13.1，13.2）から，その降雨の特徴を分析しました．レーダー・アメダス解析雨量を用いて，一連の降雨の開始から斜面崩壊が発生した時刻までの累積雨量（mm）と降雨継続時間（h），平均雨量強度（mm/h），最大1時間雨量（mm/h）を計算しました．そして，これら4つの降雨指標に注目し，斜面崩壊の発生数（**頻度**）とその規模（m³），また発生降雨への台風の寄与の割合を調べました．

頻度　frequency

図13.7は，斜面崩壊が発生した一連の降雨の累積雨量（図13.7(a)）と降雨継続時間（図13.7(b)），平均雨量強度（図13.7(c)），最大1時間雨量（図13.7(d)）の頻度と，発生した斜面崩壊の規模を示しています．この結果から，雨量が増加

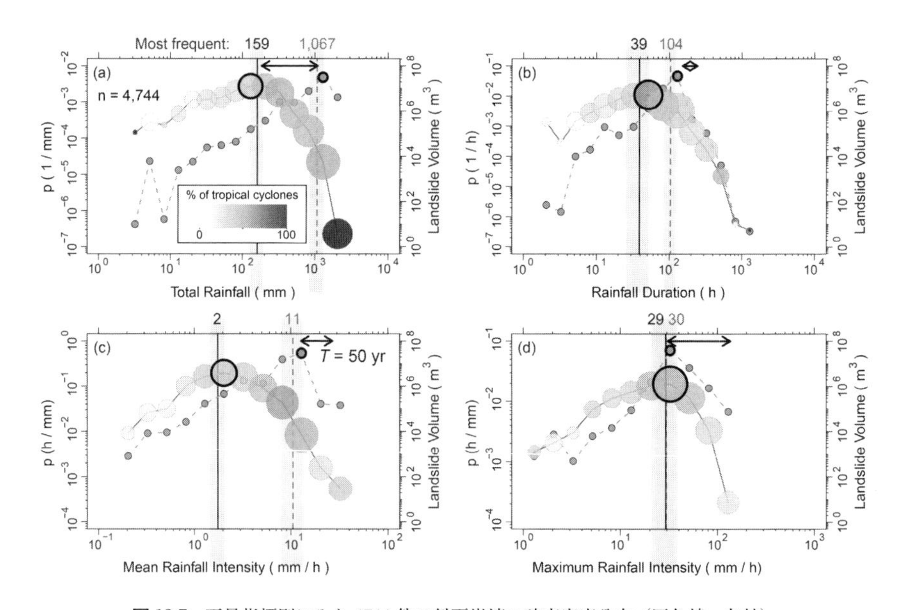

図13.7　雨量指標別にみた4744件の斜面崩壊の確率密度分布（灰色線，左軸）
(a) 累積雨量，(b) 降雨継続時間，(c) 平均雨量強度，(d) 最大1時間雨量について，両対数グラフで表示した．実線の円の大きさ，および破線はともにその降雨における斜面崩壊の規模（m³）の合計を示す（右軸）．円の色の濃さはその降雨における台風の寄与率を示す．縦実線は，斜面崩壊の頻度（黒実線）と規模（灰色破線）が最大となる値を示す．矢印は，アメダス網走と尾鷲（図13.1）での観測値から推定した，降雨指標の50年確率値の範囲である（Saito et al. 2014を編集）．

すると，斜面崩壊の頻度は非線形に増加していることがわかります．たとえば，累積雨量の増加とともに，発生した斜面崩壊の頻度と規模が右上がりに増加していることを示しています（図13.7(a)）．

しかし，累積雨量が159 mm程度で斜面崩壊の頻度は最大となり，それ以上の累積雨量で発生した斜面崩壊数は減少しています（図13.7(a)）．一般に，雨量の小さい降雨の頻度は高く，雨量の大きい極端な豪雨の頻度は稀です．このため，日本全国でみた場合，稀な豪雨で発生した斜面崩壊の数は少なくなります．このため，最も斜面崩壊が発生した降雨は，累積雨量159 mm程度の降雨でした．ほかの雨量指標についても同様に，極端な降雨での斜面崩壊発生数は少なく，降雨継続時間：39 h，平均雨量強度：2 mm/h，最大1時間雨量：29 mm/h程度の降雨で，最も斜面崩壊が発生していました．

斜面崩壊の規模は，累積雨量についてみると，1000 mm程度に達したときに最大となっています（図13.7(a)）．データを詳細に分析すると，とくに累積雨量が250 mm，最大時間雨量が35 mm/h，平均雨量強度が4 mm/hを超える降雨で，より規模の大きな斜面崩壊が発生しやすいことがわかりました（Saito et al. 2014）．しかし，累積雨量以外の降雨指標については，最も極端な降雨において，斜面崩壊の規模が最大となっているわけではありませんでした（図13.7(b)，(c)，(d)）．

日本では，台風と温帯低気圧の両方で豪雨が発生します．斜面崩壊を引き起こした降雨が，台風か，それ以外かで調べたところ，台風に伴い発生した降雨の割合は約44%でした（Saito et al. 2014）．

以上の結果から，基準雨量を超えた後は，斜面崩壊の発生頻度や規模の増加は，非線形で複雑であることがわかります．とくに，斜面崩壊の発生数が最大となる降雨と，規模が最大となる降雨は別であることがわかります．つまり，日本全域でみた場合に，斜面崩壊の発生数と総規模を最大にする，それぞれ最も特徴的な降雨があることを示唆しています．そのような降雨の再現期間（確率的に，その場所で何年に1度起こるかを示すもの）を調べたところ，斜面崩壊の頻度が最大となる降雨は26年程度，規模が最大となる降雨は45年程度でした．

このように多数の斜面崩壊事例を収集することで，斜面崩壊が発生する降雨の地域的特徴を明らかにすることができます．土砂災害警戒に役立てるためにも，より長期的な斜面崩壊事例の蓄積が重要といえます．〔齋藤 仁〕

文　献

飯田智之 2012.『技術者に必要な斜面崩壊の知識』鹿島出版会.

岡田憲治・牧原康隆・新保明彦・永田和彦・国次雅司・斉藤 清 2001. 土壌雨量指数. 天気 48：349-356.

気象庁 2020.『土砂災害警戒情報・大雨警報（土砂災害）の危険度分布』https://www.jma.go.jp/jma/kishou/know/bosai/doshakeikai.html（最終閲覧日：2020年11月25日）.

気象庁統計課 1960.「ひと雨」のとり方について. 測候時報 27: 116-124.

国土交通省砂防部 2018.『過去10年間の都道府県別土砂災害発生件数』http://www.mlit.go.jp/river/sabo/saigai_sokuhou.html（最終閲覧日：2019年12月20日）.

齋藤 仁・内山庄一郎・小花和宏之・早川裕弌 2016. 平成24年（2012年）7月九州北部豪雨に

伴う阿蘇火山地域での土砂生産量の推定－UAVとSfM多視点ステレオ写真測量を用いた高精細地形データの活用－．地理学評論 89：347-359.

地盤工学会 2006.『豪雨時における斜面崩壊のメカニズムおよび危険度評価』地盤工学会.

新保明彦 2001a. レーダー・アメダス解析雨量（Ⅰ）. 天気 48: 579-583.

新保明彦 2001b. レーダー・アメダス解析雨量（Ⅱ）. 天気 48: 777-784.

矢野勝太郎 1990. 前期降雨の改良による土石流の警戒・避難基準雨量設定手法の研究. 新砂防 43(4): 3-13.

Caine, N. 1980. The rainfall intensity–duration control of shallow landslides and debris flows. *Geografiska Annaler* : *Series A. Physical Geography* 62: 23-27.

Cannon, S., Gartner, J., Wilson, R. et al. 2008. Storm rainfall conditions for floods and debris flows from recently burned areas in southwestern Colorado and southern California. *Geomorphology* 96: 250–269.

Chien-Yuan, C., Tien-Chien, C., Fan-Chieh, Y. et al. 2005. Rainfall duration and debris-flow initiated studies for real-time monitoring. *Environmental Geology* 47: 715–724.

Dahal, R. and Hasegawa, S. 2008. Representative rainfall thresholds for landslides in the Nepal Himalaya. *Geomorphology* 100: 429-443.

Guzzetti, F., Peruccacci, S., Rossi, M. et al. 2007. Rainfall thresholds for the initiation of landslides in central and southern Europe. *Meteorology and Atmospheric Physics* 98: 239-267.

Guzzetti, F., Peruccacci, S., Rossi, M. et al. 2008. The rainfall intensity–duration control of shallow landslides and debris flows: An update. *Landslides* 5: 3-17.

Hong, Y., Hiura, H., Shino, K. et al. 2005. The influence of intense rainfall on the activity of large-scale crystalline schist landslides in Shikoku Island, Japan. *Landslides* 2: 97–105.

Jibson, R. 1989. Debris flow in southern Puerto Rico. *Geological Society of America, Special Paper* 236: 29-55. Cited by Guzzetti et al. (2007).

Koenker, R. and Hallock, K. 2001. Quantile regression. *Journal of Economic Perspectives* 15: 143-156.

Larsen, M. and Simon, A. 1993. A rainfall intensity–duration threshold for landslides in a humid-tropical environment. Puerto Rico. *Geografiska Annaler* : *Series A. Physical Geography* 75: 13–23.

Onodera, T., Yoshinaka, R. and Kazama, H. 1974. Slope failures caused by heavy rainfall in Japan. *Journal of the Japan Society of Engineering Geology* 15: 191-200.

Osanai, N., Shimizu, T., Kuramoto, K. et al. 2010. Japanese early-warning for debris flows and slope failures using rainfall indices with Radial Basis Function Network. *Landslides* 7: 325-338.

Peruccacci, S., Brunetti, M. T., Gariano, S. L. et al. 2017. Rainfall thresholds for possible landslide occurrence in Italy. *Geomorphology* 290: 39-57.

Saito, H., Nakayama, D. and Matsuyama, H. 2010. Relationship between the initiation of a shallow landslide and rainfall intensity-duration threshold in Japan. *Geomorphology* 118: 167-175.

Saito, H., Korup, O., Uchida, T. et al. 2014. Rainfall conditions, typhoon frequency, and contemporary landslide erosion in Japan. *Geology* 42: 999-1002.

14 洪水氾濫の解析とモデリング

近年，日本では大規模な洪水氾濫が相次いでいます．洪水氾濫を解析して対策を示すことは，水文学が実社会に果たすべき重要な役割です．本章では洪水氾濫の解析とモデリングの方法を説明した後に，解析に用いられる各モデルについて，岡山県の足守川流域を対象とした事例を基に説明します．

14.1 洪水氾濫の解析とモデリングの方法

11 章では，大気の動きや状態をシミュレーションする方法と事例について扱いましたが，本章では水の動きや状態をシミュレーションし，洪水氾濫を解析する方法と事例をテーマとして扱います．

11.1 節に書かれていた通り，さまざまな現象を物理法則に基づいて解析できるようにしたプログラム群を**モデル**と呼び，そのモデルを構成することを**モデリング**と呼びます．**洪水氾濫**を解析するためにモデリングするには，まず目的を明確にすることが重要です．一般的に洪水氾濫を解析する目的としては，過去に起こった洪水氾濫を再現し，考察することによって，洪水氾濫のメカニズムを明らかにすることや，未知の洪水氾濫を想定し，被害などの影響がどの程度のものになるか予測することが考えられます．これらの解析結果を用いることによって，河川の整備計画を策定したり，ハザードマップの作成や避難勧告の発令などの洪水氾濫に対する対策を練ることができるようになります．

モデル　model
モデリング　modeling
洪水氾濫　flood inundation

いつ，どこで，何をするために，どのような解析結果が必要となるのか，これを明確にしなければ，モデルを有効なものにはできません．洪水氾濫の解析のために数多くのモデルがすでに開発されていますが，モデルはすべての現象を緻密に再現できるものではなく，そのモデルが作成された目的に応じて考慮される現象が異なります．また，モデルを動かすためのコストもモデルによって異なります．このコストは，具体的には，コンピュータシミュレーションを行う際のコンピュータへの負荷や計算にかかる時間になりますが，場合によってはモデルに必要なデータを取得するためにかかる時間や費用も含まれます．たとえば，河川の整備計画を策定するために，詳細で緻密な洪水氾濫の解析結果が必要になる場合は，詳細で緻密なモデルを用いて，時間をかけて計算をすればよいでしょう．詳細で緻密なモデルは，計算量も多くなるので，多くの場合，計算時間が長くかかります．一方で，観測地点からリアルタイムで送られてくるデータを用いて，近い未来に（たとえば 1 時間後に）洪水氾濫が起こる可能性があるか予知しようとする場合は，計算に長時間かけることができないため，簡便でも短時間で必要な解析結果を得られるモデルを用いることとなります．

このように解析に考慮すべき現象や条件を決定するために，目的を明確にすることが非常に重要になります．この目的をふまえて，既存のモデルをそのまま利用するのか，多少の改変を行って利用するのか，はたまた新しいモデルを開発するのか，を選択することになります．

モデルを選ぶ際には，対象地域も重要になります．たとえば，対象地域が都市化された地域なのか否かは，モデルの選択に大きくかかわってきます．河村(2018)では，19世紀中頃から長きにわたって開発・提案されてきた洪水流出モデルは，その多くは**山地・自然流域**をおもな対象流域として提案されたモデルであり，とくに**都市流域**を意識して構築されたモデルではないと指摘されています．都市流域では，雨水が浸透しない家屋やビルの屋根，道路，駐車場など人工的に整備された地物の錯雑な分布，道路の側溝や下水道等の雨水排水施設など河川に至る流出経路，さらには貯留・浸透施設等の流出抑制施設や治水施設の整備など，非常に複雑な都市流出システムが人工的に形成されるとともに，絶えずその形態が変化しているとされます（天口ほか 2007）．一方で，自然流域では，人工的に整備された地物による影響を考えなくてよいのですが，雨水の地中への浸透や地中からの流出などの自然の水文現象を考慮する必要があります．つまり，自然流域と都市流域では考慮する現象が異なり，必要とされるモデルも異なることとなります．

山地・自然流域　natural basin
都市流域　artificial basin

また，洪水氾濫は河川の流域が対象となるため，対象地域が上流なのか，中流なのか，下流なのか，それらを複数含んでいるのか，も非常に重要です．流域に水が流れるうえで，その土地の傾斜は大きく流れに影響を与えます．

14.2　備中高松城水攻めを題材とした洪水氾濫の解析の事例

本章では，事例として岡山県の足守川流域に位置する岡山市備中高松周辺を扱います（図14.1）．備中高松では，1582年（戦国時代）に**水攻め**という人工的に洪水を起こす戦いが行われました．根元ほか（2013）では，この水攻めを洪水氾濫の一種ととらえて再現しました．これは，一般的に考えられる洪水氾濫の解析の目的とは異なりますが，ハザードマップの作成などの際に，一定のシナリオに則った未知の洪水氾濫を予測することと手順は同じです．

水攻め　artificial flooding tactics

対象地域が決定したら，対象地域に関する調査を行い，洪水氾濫に関する諸情報を入手，整理していきます．足守川（あしもりがわ）は，笹ヶ瀬川の支流に当たる二級河川です．

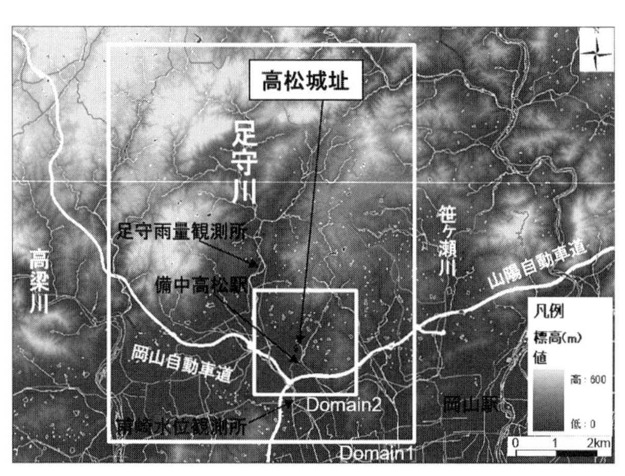

図14.1　備中高松城水攻めの対象地域図（口絵カラー参照）

岡山市河原に発し，中国山地を流れた後，足守にて吉備平野へと流れ出て，備中高松の西を抜けた後に，古新田地にて本流の二級河川笹ヶ瀬川へと注いでいます（図 14.1）．流域面積は 169.8 km^2 で，河川流路延長は 24.35　km です．年降水量は平均 1100〜1200 mm ほどであり，年平均気温は 15 ℃前後です．1972 年 7 月，1976 年 9 月，1985 年 6 月に豪雨や台風の接近によって大洪水を起こしています（岡山県 2008）．

図 14.1 を参照すると，足守川は中国山地から吉備平野へと流れ出て，急峻な山地から比較的平坦な平野へ出ています．備中高松という土地は，急峻な山地に囲まれた平地となっています．つまり，急傾斜地と平坦地の両方を扱うことになり，これらを考慮したモデルを選ぶ必要性が出てきます．また，**土地利用**[1] を調べると，水田が多くを占めており，建物用地も街道沿いに広がっていることなどがわかりました（国土交通省国土計画局 2007）．さらに対象地域には，足守雨量観測所と甫崎水位観測所があり，対象地域付近の雨量や足守川の水位，流量から足守川流域の雨量と流量の特徴を調べることができました．浸水実績図[2] によって，過去に対象地域でどのような洪水氾濫が起こったのかを確認することもできました．1972 年 7 月，1976 年 9 月，1985 年 6 月の大洪水における氾濫地域は，すべての洪水で浸水している地域もあれば，洪水によっては浸水しなかった地域もあります．このような情報は，対象地域の洪水氾濫の特徴や地形的な特徴を読み取るうえで重要です．

これらの判断を地図上で行うことも可能ですが，対象地域に実際に足を運ぶことも重要でしょう．地図やその他のデータで示される情報は，その地域の情報の一部でしかありません．現地を訪れることで，地図やその他のデータでは気づけないことに気づくことも多くあります（図 14.2）[3]．たとえば，地図で読み取る以上に急斜面が平地に近接していることや，広く広がった水田を侵食するように立てられている住宅地は，水田の地面の位置から明らかに盛り土をして，標高が上がっていることに現地で気づきました．現地での聞き取り調査の結果，備中高松は洪水が起こりやすい土地だという話を聞きました（根元ほか 2013）．これらの気づきは，考慮すべき現象を判断する際にも重要になりますが，結果を解釈する際にも大きな意味合いをもちます．洪水氾濫の解析結果は，主に数値になります．その数値を解釈するうえで，その数値が対象地域でどのような現象となっているのかを想像する必要があります．現地で実際に体験したことは，こういった解釈の際にも役立ちます．

このようにして，目的と対象地域，考慮すべき現象を決定し，入手可能なデータも調べました．これらの条件をふまえて，モデルの選択とシナリオ[4] の作成

図 14.2　備中高松における現地調査の写真（2011 年 5 月 20 日撮影）

土地利用　land use

[1] 土地利用は，地表の状況を考慮するうえで重要な情報となります．本文中で述べた通り，田畑や森林などの自然の土地利用か，道路や建物などの人工的な土地利用かは洪水の流れに大きく影響し，自然流域のモデルと都市流域のモデルのどちらを選択するかに大きな影響を与えます．

[2] 浸水実績図とは，対象とする過去に起こった洪水の際に浸水した範囲を示した地図です．複数の洪水が対象になっているものも多く，その場合は，同一の地図内で，すべての洪水で浸水した範囲，一部の洪水で浸水した範囲，すべての洪水で浸水しなかった範囲を分けることができます．浸水実績は，実際に起こった洪水の結果であるので非常に重要です．シミュレーションなどの実験の結果は，あくまで実験であり，すべての現象を考慮しきれません．すべての現象が考慮された浸水実績は，シミュレーション結果を実際に起こる洪水として解釈する際に重要な情報となります．近年では，自治体のウェブサイトなどでハザードマップと同様に閲覧できる場合もあります．

[3] 地図上で表される情報は，地図に記号化された情報でしかありません．地図に現れない情報は多くあります．たとえば微地形です．地形図では，等高線と標高点によって標高が示されますが，等高線は細かくても 1 m 間隔になり，標高点は細かい数値が表されますが，数は多くありません．DEM（Digital Elevation Model: 数値標高モデル）も同じで，一般配布されているものは細かくとも 5m 間隔です（2021 年 1 月 23 日時点）．しかし，実際の地形はこれらの数値で示された地点の間にもあり，地図で確認できる地形は飛び飛びになっていることになります．洪水の流れは，こ

を行います．

根元ほか（2013）では，備中高松で水攻めが成功する条件を導くために，堤防の有無による氾濫範囲の変化を確認することを目的としました．よって，堤防の配置の違いによって複数のシナリオを作成しました．また，目的に伴って考慮すべき条件や現象は，急斜面と平坦地を同時に扱えること，戦国時代の出来事なので舗装や下水道は考慮する必要はなく，地中への浸透や流出は考慮する必要があること，氾濫に伴う浸食や堆積によって地形の変化や堤防の破損が起こる可能性もありますが，データがないため考慮しようがないうえに，あくまで浸水範囲の情報を解析結果として得ることが目的になるため，地形の変化や堤防の破損は考慮しないことなどを条件として決定し，モデルの選択を行いました．流出解析は，kinematic wave モデルに基づく分布型流出モデルを選択しました（14.3 節）．氾濫解析は，平坦地を対象に dynamic wave モデルに基づく二次元不定流解析モデルをメインモデルとして選択し，急傾斜地を対象に kinematic wave モデルに基づく分布型流出モデルをサブモデルに組み込む統合モデルを選択し，プログラムを作成しました（14.4 節）．

根元ほか（2013）では，既存のモデルのプログラムを参考に，筆者自らが新たなモデルをプログラミングしました．しかし，個々のモデルのプログラムは通常，異なる組織に属する研究者・技術者が独立に開発するため，それらを相互に組み合わせて利用することは容易ではありません（椎葉ほか 2013）．つまり，先人たちが苦慮してさまざまな現象を考慮できる１つ１つのモデルを提案・開発してくれたのですが，それらを組み合わせることは大変むずかしく，考慮すべき現象を容易に追加することができないのです．このような課題を解決すべく，共通の仕様によって構築された要素モデルを自由自在に接続し，全体のシミュレーションモデルを構築できるモデリングシステムが提案されています．日本国内では，**CommonMP**[5] があります．CommonMP は Windows 上の GUI（Graphic User Interface）で利用できるシステムであり，プログラミングなどが不得手な人でも比較的利用しやすいものとなっています．

の地図上では現れない微地形によっても大きく作用されることがあります．このように地域全体を俯瞰するためには地図は非常に良いツールですが，追おうとする現象によっては，地図だけでは不十分であり，現地調査を行って，より詳細な情報を入手する必要があります．

[4] シミュレーションを行う際のシナリオとは，そのシミュレーションの条件や設定をさします．模型などの物理的な機材を作成して行うシミュレーションでは，多くのシナリオを考慮して幅広く実験するには，その数だけの機材が必要になり，シナリオ数を増やすことは困難ですが，コンピュータシミュレーションでは，物理的な機材を作成する必要もなく，条件や設定はデータで作成できるため，多くのシナリオを考慮して幅広く，かつ何度も実験をやりやすいということが利点としてあげられます．

[5] CommonMP は，国土交通省国土技術政策総合研究所が中心となって開発した水理・水文モデリングシステムです（椎葉ほか 2013）．2021 年 1 月 23 日 現 在，CommonMP（http://framework.nilim.go.jp/）にて，ユーザ登録をすることで，ダウンロードできます．

14.3　流 出 解 析

河川流量　river discharge

洪水氾濫の解析のためには，越水や破堤した地点の**河川流量**が必要となります．その流量が氾濫域に流入する水の量になるためです．洪水時の越水や破堤した地点の流量が観測されている場合は，それを用いることができますが，洪水時の越水や破堤した地点の流量はわからないことが多いです．観測されていない流量を知りたい場合や未知の洪水を想定する場合などは，流量を導くために**流出解析**を行います．

流出解析　runoff analysis

降水量から流出量を求めることを流出解析といい，その方法を流出解析法，解析に用いる数理モデルを**流出モデル**といいます（田中丸ほか 2016）．流出解析の目的は，流域内への降水がどのように河川へ流れ出していくかを明らかにすることによって，洪水や渇水の予測，水循環の変化の予測をすることになります．流出解析は，洪水以外の目的でも幅広く用いられるため，数多くの流出モデルが提案されています．

流出モデル　runoff model

流出モデルは，表14.1のように分類できます．このうち洪水氾濫の解析に用いる流出モデルの選び方は以下のようになります．

①予測の対象期間からみた分類として，洪水継続時間は大河川でも2〜3日と考えられているため（末次 2015），洪水氾濫の解析には短期流出モデルを選びます．

②モデル構成の考え方からみた分類としては，次のような点を考慮します．降雨強度と流量の応答関係を考慮する**応答モデル**や降雨から流量に変換される過程を概念的に表現した**概念モデル**は，長期間に渡って観測された流量や降水量などの水文データに基づいて，降水量から流出量を予測するモデルです．観測期間の流域環境が変化しないという前提で考えられているため，これらの2つの条件が揃うようであれば，応答モデルや概念モデルを選びます．一方，**物理モデル**は，物理法則に基づく連続式と運動方程式を用いて，降雨から流出への変換過程を考慮して予測するモデルです．水文データが存在しない場合や流域環境が変化する場合は，物理モデルを選ぶ必要が出てきます．

応答モデル response model
概念モデル conceptual model
物理モデル physical model

③モデル構成の空間的な違いからみた分類としては，解析対象の流域内において雨水の移動を知る必要があるかないかによってモデルを選びます．

集中型流出モデルは，流域内の対象地点について着目し，その上流をひとかたまりとして扱うモデルです．対象地点の予測が重要であり，流域内の雨水などの移動を知る必要がない場合に用いられます．集中型流出モデルの入力は，対象地点から上流の流域平均の降水量や蒸発散量であり，それが流域の下端に当たる対象地点の河川流量に変換される過程をモデル化しています（椎葉ほか 2013）．つまり，空間的な分布は考慮されないモデルです．

集中型流出モデル lumped runoff model

一方で，**分布型流出モデル**は，流域内の水文量の時空間分布を再現・予測するモデルです．流域内の雨水などがどのように移動するかを知る必要がある場合に用いられます．分布型流出モデルは，集中型流出モデルと違い，空間的な分布を考慮することで，降水の分布や土地利用の違いなどを入力でき，より精度の高い予測ができます．

分布型流出モデル distributed runoff model

根元ほか（2013）は洪水氾濫の解析であるため，短期流出モデルを選びました．また，1582年の水文データは存在せず，流域環境も未知であるため，物理モデルを選びました．さらに，流域内の雨水の移動を知る必要があるため，分布型流

表14.1 流出モデルの分類（椎葉ほか 2013を参考に作成）

1）予測の対象期間からみた分類
短期流出モデル（洪水流出モデル）
長期流出モデル（流況予測モデル）
2）モデル構成の考え方からみた分類
応答モデル（降雨流出の応答関係から構成される流出モデル）
概念モデル（降雨流出の概念的な関係式から構成される流出モデル）
物理モデル（物理的な法則に基づく基礎式から構成される流出モデル）
3）モデル構成の空間的な違いからみた分類
集中型流出モデル（特定の1地点に着目し，空間分布を考慮しない流出モデル）
分布型流出モデル（流域内の水文量の時空間分布を考慮する流出モデル）

出モデルを選びました．これらの条件を満たすモデルとして，kinematic wave モデルに基づく分布型流出モデルがあげられます．

kinematic wave モデル
kinematic wave model

kinematic wave モデルは，急勾配の場所で扱われるモデルです．kinematic wave モデルの基礎式は式（14.1）の連続式と式（14.2）の運動式になります．

$$\text{連続式}\qquad \frac{\partial h}{\partial t}+\frac{\partial q}{\partial x}=r_e,\ (0\leq x\leq L) \tag{14.1}$$

$$\text{運動式}\qquad q=\alpha h^m \tag{14.2}$$

ここで t は時間，x は斜面上流端からの距離，h は水深，q は斜面単位幅流量，r_e は有効降雨[6]，L は斜面長，α，m は斜面流定数です．流量は一般的に m^3/s となるため，q の単位は m^3/s となります．これに合わせて，t の単位は s（秒），x と h と L の単位は m となります．また，有効降雨は流量に対してかなり小さく，r_e の単位は，m や s ではなく，mm/h（h は時間）を用います．

式（14.1）と式（14.2）で表される kinematic wave モデルの基礎式を解いて，分布型流出モデルとして流出解析を行います．対象となる流域を地形データで表現し，その流域内でどのように雨が降り，どのような土地利用の斜面を流れていくかを考慮して，流域内の流量を予測します．

使用するデータは，標高値，土地利用，降水量になります．また，モデルパラメータは，土層のパラメータ，初期流量，等価粗度・粗度係数，斜面と河川を分離する閾値です．

モデルパラメータを決定するために複数のモデルパラメータ値を用意し，テスト実験を行います．その結果と観測値を Nash-Sutcliffe 係数[7]（Nash and Sutcliffe 1970）を用いて検証し，モデルパラメータを決定します（図 14.3）．

決定したモデルパラメータを用いて，本実験を行います．図 14.4 は，根元ほか（2013）で行った流出解析の結果です．これは図 14.1 の Domain1 を対象範囲として，流域内に図 14.4 の降水があったときに，破堤点の流量を予測したものです．

このように流出解析を行い，降水量から流量を予測することができました．洪水氾濫の解析では，この流出解析で予測した流量を用いて，氾濫解析をすることになります．

[6] 有効降雨とは，地表に達する降雨のうち流出成分になる降雨のことをさし，流出成分にならないものは損失降雨と呼ばれます（土木学会水工学委員会水理公式集編集小委員会 2019）．

[7] Nash-Sutcliffe 係数 R^2 は，観測値のばらつきの大きさを考慮して，モデルの精度を評価する指標です．R^2 の値が 1 に近いほど，モデルの精度はよいとされます．Ragab et al.（2001）では，複数の流域，降雨イベントでの流出モデルの精度検証を行い，$R^2 \geqq 0.7$ でモデルの再現性が高いとしています．

14.4　氾 濫 解 析

氾濫解析モデル　model for inundation analysis

洪水氾濫において，どの地点にどの程度の水深の氾濫が起こるのかを再現・予測することを氾濫解析と呼び，そのモデルを**氾濫解析モデル**と呼びます．氾濫解析では，対象とする地域の大きさや地形特性，必要とされる結果の解像度に応じて，モデルを使い分けます（土木学会水工学委員会水理公式集編集小委員会 2019）．氾濫解析には複数のモデルがありますが，以下では二次元不定流解析モデルを扱います．

二次元不定流解析モデル
model for two-dimensional unsteady flow analysis

二次元不定流解析モデルは，氾濫水の二次元的な挙動を再現できるモデルです．氾濫解析モデルとしては最も一般的に用いられるモデルであり，ハザードマップの整備などに利用されています（土木学会水工学委員会水理公式集編集小委員会

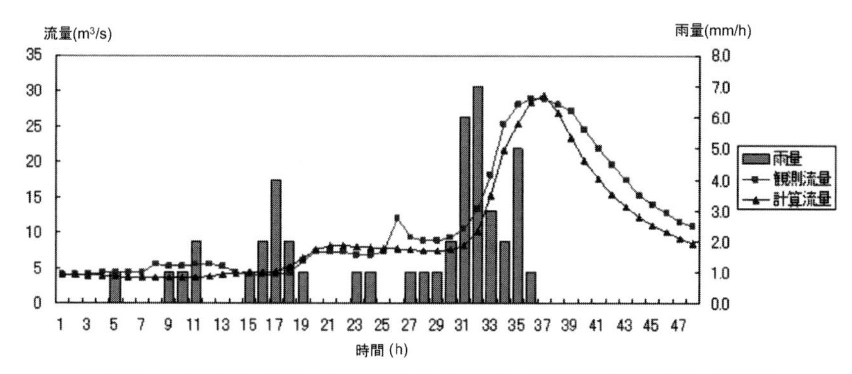

図 14.3　テスト実験の雨量と観測流量と計算流量（根元ほか 2013 の図 5 を一部修正）

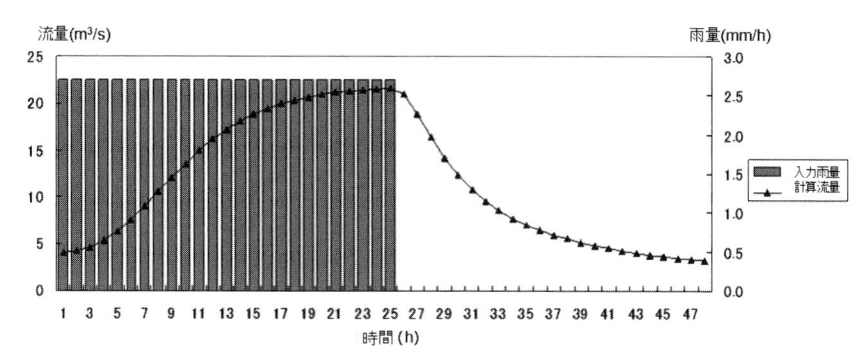

図 14.4　流出解析に入力した雨量と流量の計算結果（根元ほか 2013 の図 4 を一部修正）

2019)．このモデルは，平面的なスケールに対して氾濫水の水深が十分に小さいため，鉛直方向の流速および加速度は無視できるという条件のもとに成り立っています．この条件が成り立たなくなるほど平面スケールを小さくする場合や，氾濫水の水深が大きくなる場合は，鉛直方向の流速および加速度を無視できなくなるため，三次元モデルが必要となります．

二次元不定流解析モデルは，計算単位の格子内は，標高と水深は一定であるという仮定を用いることが多く，隣接する格子との標高差が大きく，急勾配になるような場所では解析が不安定になります．このことから，勾配が緩い領域で用いられる **dynamic wave モデル**に基づいて，上流だけではなく，下流の条件も考慮して解析を行うこととなります．

dynamic wave モデル　dynamic wave model

二次元不定流解析モデルの基本式は，連続式が式（14.3），運動式が式（14.4）と式（14.5）になります（土木学会水工学委員会水理公式集編集小委員会 2019）．

連続式

$$\frac{\partial h}{\partial t}+\frac{\partial M}{\partial x}+\frac{\partial N}{\partial y}=0 \tag{14.3}$$

運動式（x 方向）

$$\frac{\partial M}{\partial t}+\frac{\partial (uM)}{\partial x}+\frac{\partial (vM)}{\partial y}=-gh\frac{\partial (z_b+h)}{\partial x}-\frac{\tau_{bx}}{\rho},$$

$$\tau_{bx}=\frac{\rho g n^2 u\sqrt{u^2+v^2}}{h^{1/3}} \tag{14.4}$$

運動式（y 方向）

$$\frac{\partial N}{\partial t}+\frac{\partial (uN)}{\partial x}+\frac{\partial (vN)}{\partial y}=-gh\ \frac{\partial (z_b+h)}{\partial y}-\frac{\tau_{by}}{\rho},$$

$$\tau_{by}=\frac{\rho g n^2 v\sqrt{u^2+v^2}}{h^{1/3}} \tag{14.5}$$

ここで，h は水深，u は x 方向の流速，v は y 方向の流速，M は x 方向の単位幅流量，N は y 方向の単位幅流量で $M=uh$，$N=vh$ が成り立ちます．z_b は標高，τ_{bx} は x 方向の底面せん断応力，τ_{by} は y 方向の底面せん断応力，ρ は水の密度，n は粗度係数，g は重力加速度，t は時間となります．h の単位は m，t の単位は s となり，ほかの単位も m と s に合わせて計算することになります．

式（14.3）～（14.5）を基礎式として，差分化して解くことによって，二次元の広がりをもった洪水を再現することができます．使用するデータは，地形の標高値，土地利用，氾濫流量となります．モデルパラメータは，土地利用を用いた **Manning の粗度係数**です．

Manning の粗度係数
Manning's roughness coefficient

根元ほか (2013) では，図 14.1 の Domain2 を対象範囲に氾濫解析を行いました．Domain2 には，急傾斜地と平坦地の両方があり，二次元不定流解析モデルは，急傾斜地では不安定になるため，急傾斜地は kinematic wave モデルを用いた流出解析をサブモデルとして組み込み，平坦地をメインモデルとしての二次元不定流解析モデルで解析する方法をとりました．その結果が図 14.5 です．

このように流出解析にて洪水時の河川流量を求め，その流量に基づき氾濫解析をして，洪水の浸水範囲を予測できます．本章では紙面の都合上，流出モデルは kinematic wave モデルに基づく分布型流出モデル，氾濫解析は dynamic wave モデルに基づく二次元不定流解析モデルのみを扱いましたが，ほかにも多くのモデルが提案されています．目的に応じて，必要なモデルを選ぶことが洪水氾濫を解析する目的を果たすために必要となるでしょう．　〔根元裕樹〕

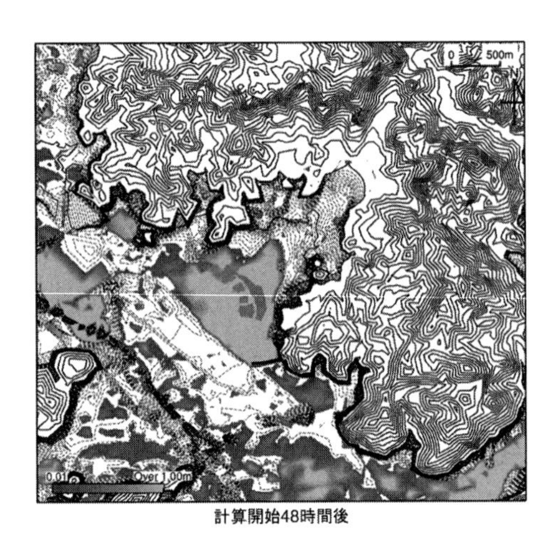

図 14.5　水攻めが起こるシナリオの計算開始 48 時間後の氾濫解析の結果
黒の実線は標高 20.0 m 以上の 10.0 m 間隔の等高線であり，黒の破線は標高 20.0 m 未満の 0.5 m ごとの等高線を示す．浸水深はグレーで示され，0.01 m でグレーが最も濃く，1.00 m 以上でグレーが最も薄くなる．

文 献

天口英雄・河村 明・高崎忠勝 2007. 地物データ GIS を用いた新たな地物指向分布型都市洪水流出解析モデルの提案. 土木学会論文集 B 63: 206-223.

岡山県 2008. 『笹ヶ瀬川水系河川整備計画』岡山県.

河村 明 2018. 都市流域における洪水流出解析の現状と将来展望. 水文・水資源学会誌 31: 451-466.

国土交通省国土計画局 2007. 国土数値情報（土地利用細分メッシュ）. https://nlftp.mlit.go.jp/ksj/（最終閲覧日：2021 年 1 月 23 日）

椎葉充晴・立川康人・市川 温 2013. 『水文学・水工計画学』京都大学学術出版会.

末次忠司 2015. 『実務に役立つ総合河川学入門』鹿島出版会.

田中丸治哉・大槻恭一・近森秀高・諸泉利嗣 2016. 『シリーズ〈地域環境工学〉地域環境水文学』朝倉書店.

土木学会水工学委員会水理公式集編集小委員会 2019. 『水理公式集［2018 年版］』土木学会.

根元裕樹・泉 岳樹・中山大地・松山 洋 2013. 備中高松城水攻めに関する水文学的研究―洪水氾濫シミュレーションを用いて―. 地理学評論 86: 315-337.

Nash, J.E. and Sutcliffe, J.V. 1970. River flow forecasting through conceptual models Part I – A discussion of principles. *Journal of Hydrology* 10: 282-290.

Ragab, R, Moidinis, D., Khouri, J. et al. 2001. The HYDROMED model and its application to semi-arid Mediterranean catchments with hill reservoirs 2: Rainfall-runoff model applications to three Mediterranean hill reservoirs. *Hydrology and Earth System Sciences* 5: 544-562.

コラム　洪水ハザードマップの探し方

洪水氾濫モデルの解析とモデリングを用いたさまざまな成果物の中で，一般的に最も見近にあるものは，洪水ハザードマップでしょう．2015年の水防法の改正に当たって，国と都道府県，または市町村は想定しうる最大規模の降雨・高潮に対応した浸水想定を行うことになりました．または，市町村はこの浸水想定に応じた避難方法等を住民等に適切に周知するためにハザードマップを作成することが必要となりました．一部，大きな河川や海に面していないなどの理由により洪水に関する大きな被害が見込まれない市町村の中には，洪水ハザードマップを作成していないところもありますが，ほとんどの市町村では，洪水ハザードマップを作成し，ウェブサイト等で公開しています．

洪水ハザードマップ以外の土砂災害ハザードマップなども含めて，国土交通省が運営している『ハザードマップポータルサイト』（http://disaportal.gsi.go.jp/）では，市町村が公開しているハザードマップを簡単に探せるようになっています．このウェブサイト内の「わがまちハザードマップ」では，市町村検索からその市町村で公開しているハザードマップへのリンクがはられており，簡単に飛ぶことができます．

また，このウェブサイト内の「重ねるハザードマップ」では，国土交通省の各地方整備局等や各都道府県が作成した災害情報を地図上で重ね合わせて見ることができます．洪水，土砂災害，津波，道路防災情報の危険性に関する情報や避難所の位置を地図上で重ね合わせることで，その地点の複数の災害リスクを知ることにも役立ちます．背景とする地図も一般的な地形図から航空写真，標高の色分け地図などさまざまな種類の地図と重ね合わせをすることができ，身近な地域の防災情報を得るところから，災害に関する学習や研究，洪水氾濫モデルの解析に用いる対象地域の災害情報を得るなど幅広く利用することができます．　**（根元裕樹）**

文献案内

第1章

① 財団法人 日本地図センター 2003.『新版 地図と測量のQ & A』日本地図センター.
② 佐藤尚毅 2019.『基礎から学ぶ気象学』東京学芸大学出版会.
③ 三隅良平 2017.『雨はどのような一生を送るのか』ベレ出版.
④ 仁科淳司 2019.『やさしい気候学 第4版 — 気候から理解する世界の自然環境』古今書院.
⑤ 伊勢武史 2013.『「地球システム」を科学する』ベレ出版.

①は，地球楕円体のことを含めて地球の大きさと形について，また測量と地図づくりについて学ぶことができます．②は，数式を使った気象学の初歩の教科書で，静水圧のつりあいや気圧の鉛直分布が高さの指数関数になることの説明がていねいです．③は，雨と陸上の水の循環についての入門読み物です．④は，自然地理学としての気候学の初歩の教科書です．⑤は，気候システムと生物地球化学サイクルを合わせた地球システムについての入門読み物です．

第2章

① 中島映至・田近英一 2012.『正しく理解する気候の科学』技術評論社.
② 江守正多 2008.『地球温暖化の予測は正しいか』化学同人.
③ 浅野正二 2010.『大気放射学の基礎』朝倉書店.
④ ペティ, G. W. 著, 近藤 豊・茂木信宏訳 2019.『詳解 大気放射学』東京大学出版会. Petty, G. W. 2006. A first course in atmospheric radiation (second edition). Madison: Sundog Publishing.
⑤ 笠原三樹夫・東野 達 編 2008.『大気と微粒子の話』京都大学学術出版会.

①は，エネルギー収支を中心とした気候システムの科学の入門読み物で，前半に46億年の地球の気候の歴史，後半に地球温暖化の話題があります．②は，地球温暖化の予測型シミュレーションとはどんなものかの解説で，基礎として気候システムの解説を含みます．③④は，大学専門課程レベルの大気放射の教科書です．⑤は，大気エーロゾルに関する多様な話題を集めた本です．

第3章

① 渡部雅浩 2018.『絵でわかる地球温暖化』講談社.
② 鬼頭昭雄 2015.『異常気象と地球温暖化』（岩波新書）岩波書店.
③ 日本気象学会 地球環境問題委員会 2014.『地球温暖化 — そのメカニズムと不確実性』朝倉書店.
④ 花岡庸一郎 2019.『太陽は地球と人類にどう影響を与えているか』光文社.
⑤ 大河内直彦 2008.『チェンジングブルー — 気候変動の謎に迫る』岩波書店.

①は，気候システムの基本から地球温暖化の科学に進む入門書です．②は，IPCC（気候変動に関する政府間パネル）の科学的基礎の部会に参加した著者による地球温暖化の科学の解説です．③は，地球温暖化に関してどんな科学的知見がありどのような不確かさがあるかについてのやや専門的な解説書です．④は，太陽の変動とそれが地球環境にどんな影響を与えているかを主題とした読み物です．⑤は，第四紀（現在に近い約 260 万年間）の大陸規模の氷床の消長をはじめとする気候変動についての理解がどのように進んできたかを主題とした読み物です．

第 4 章

① 浅井冨雄・松野太郎・新田 尚 2000.『基礎気象学』朝倉書店.
② 田中 博 2017.『地球大気の科学』共立出版.
③ 保坂直紀 2003.『謎解き 海洋と大気の物理』（ブルーバックス）講談社.
④ 花輪公雄 2017.『海洋の物理学』共立出版.
⑤ ブロッカー , W. 著 , 川幡穂高・眞中卓也・大谷壮矢・伊佐治雄太訳 2013.『気候変動はなぜ起こるのか ― グレート・オーシャン・コンベヤーの発見』（ブルーバックス）講談社. Broecker, W. S. 2010. The great ocean conveyer. Princeton: Princeton University Press.

①②は，大学レベルの気象学の教科書で，大気大循環に重点があるものです．③は，海洋の大規模な循環と海洋・大気の相互作用についての入門読み物です．④は，大学レベルの海洋学の教科書です．⑤は，放射性炭素同位体などによって海洋深層循環の理解に貢献した著者による読み物で，著者特有の見解も含みますが魅力的な本です．

第 5 章

① 近藤純正 2000.『地表面に近い大気の科学』東京大学出版会.
② 近藤純正編著 1994.『水環境の気象学』朝倉書店.
③ ブディコ , M. I. 著 , 内嶋善兵衛訳 2010.『地表面の熱収支』成山堂書店. Budyko, M. I. 1956. Teplovoi balans zemnoi poverkhnosti (The heat balance of the Earth's surface). Leningrad: Hydrometeorological Publishing. (in Russian)
④ 安成哲三 2018.『地球気候学 ― システムとしての気候の変動･変化･進化』東京大学出版会.
⑤ 植田宏昭 2012.『気候システム論 ― グローバルモンスーンから読み解く気候変動』筑波大学出版会.

①②は，地表面（とくに複雑な陸面）のエネルギー収支・水収支とその各項の数値を気象観測データから求める方法の教科書です．③は，地表面エネルギー収支の古典的教科書の日本語訳で，本章であげた『気候と生命』の前半（日本語版では上巻）と大まかに同じ内容です．④は，気候システムの広い話題の初級教科書ですが，モンスーンの基本的な仕組みの解説に特徴があります．⑤は，大学専門課程レベルの教科書で，モンスーンとそれを含む大気および海洋表層の年々変動についての知識を提供します．それは天候の季節予報の基礎となるものです．

第6章

① 杉谷 隆・平井幸弘・松本 淳 2005『風景のなかの自然地理 改訂版』古今書院.
② 小倉義光 2015.『日本の天気』東京大学出版会.
③ 中村和郎・木村龍治・内嶋善兵衛 1996.『日本の気候 新版』岩波書店.
④ 高橋浩一郎・山下 洋・土屋 清・中村和郎編 1982.『衛星でみる日本の気象』岩波書店.
⑤ 日下博幸・藤部文昭編著 2018.『日本気候百科』丸善出版.

①は，主として日本を対象とした自然環境についての初歩の教科書で，日本の気候の特徴の解説を含みます．②は，第11章で紹介する『一般気象学』の著者による日本の天気についての各論で，数値天気予報に関連して行われているデータ同化の説明も含みます．③は，地理学者・地球物理学者・農業気象学者の観点を合わせて日本の気候を論じた解説書です．④は当時最新だった気象衛星「ひまわり」1号の雲画像によって日本の気象の特徴を観察する本です．第4章の引用文献にあげた大気大循環の解説も含みます．⑤は，日本の47都道府県別に気候やそれに伴う現象を紹介しています．

第7章

① 榧根 勇 1980.『水文学』大明堂.
② 榧根 勇 1989.『水と気象』朝倉書店.
③ 杉田倫明・田中 正編 2009.『水文科学』共立出版.
④ 新井 正 2004.『地域分析のための熱・水収支水文学』古今書院.
⑤ 松山 洋・川瀬久美子・辻村真貴・高岡貞夫・三浦英樹 2014.『自然地理学』ミネルヴァ書房.

「水文学の教科書を一冊あげてください」と言われれば，①になります．ただしこの本はむずかしいので，この分野に詳しくない方は，②を先に読むことをお勧めします．③は，榧根先生の次の世代の筑波大学の先生方によって書かれた，最近の事情を取り入れた水文学の教科書になります．本書で扱うような熱収支・水収支寄りの話は④に詳しく書かれています．⑤は，拙著なので講評を避けますが，水文学についても3章割かれています．実は，本章で扱った「大陸規模の水循環」の話について日本語で書かれたものは見当たらないため，「自分で書かなければいけないのかなあ」と思ったりもしています．

第8章

① ウッドワード，F. I. 著，内嶋善兵衛訳 1993.『植生分布と環境変化』古今書院. Woodward, F. I. 1987. Climate and plant distribution. Cambridge: Cambridge University Press.
② 篠田雅人 2016.『砂漠と気候 増補2訂版』成山堂書店.
③ 吉良竜夫 1971.『生態学からみた自然』河出書房新社.
④ チェイピン，F. S. III, マトソン，P. A. ヴィトーセク，P. M. 著，加藤知道監訳 2018.『生態系生態学（第2版）』森北出版. Chapin, F. S. III, Matson, P. A. and Vitousek, P. M., 2011. Principles of terrestrial ecosystem ecology. New York: Springer-Verlag.

⑤ 矢澤大二 1989.『気候地域論考 — その思潮と展開』古今書院.

①は，気候変化に伴う植生変化を予測することを目指して，気候要因によって植生型の分布を説明するモデルを構築した著者がその考え方を解説した本です．②は，気候学者による，砂漠という植生型が存在する気候条件をめぐる入門解説書です．③は，生態学者によるさまざまな解説・評論を集めた本で「暖かさの指数」の解説を含みます．④は，陸上生態系についての生態学の大学専門課程の教科書で，炭素循環・窒素循環に重点があり，はじめのほうにバイオームの話題が出てきます．⑤は，気候区分に関連した多数の学説をレビューした本で，ケッペンの気候区分について日本語で知りたければ読むべき本です．

第9章

① 日本生態学会編 2014.『シリーズ 現代の生態学 2　地球環境変動の生態学』共立出版.
② 日本林学会「森林科学」編集委員会編 2003.『森をはかる』古今書院.
③ 加藤正人編著 2014.『森林リモートセンシング 第 4 版 — 基礎から応用まで』日本林業調査会.
④ 種生物学会編 2003.『光と水と植物のかたち — 植物生理生態学入門』文一総合出版.
⑤ キャンベル，G. S. & ノーマン，J. M. 著，久米 篤・大槻恭一・熊谷朝臣・小川 滋監訳 2010.『生物環境物理学の基礎 第 2 版』森北出版.

①は，地球環境変動に対する植生の変化について，現地観測の方法から，全球植生モデルと大気大循環モデルの結合，過去の気候変動の推定方法まで解説しており，この章の内容を深め，より専門的に学びたい方にお薦めです．②は，日本森林学会が，多様で複雑な森林の情報をどのように定量的に把握するかをまとめた本です．本章で扱った水や葉量の測定だけでなく，香りや動物数にまで話が及んでいます．③は，リモートセンシングから森林に関する情報を抽出する方法について，基礎から応用までまとめられています．2004 年の初版刊行以来，改訂を続けて今日まで版を重ねています．④は，水や光の条件に対してどのように植物が生理的に反応するかをまとめています．ミクロな視点ですが，さまざまなデータを解釈するときにはこのような知識は不可欠です．⑤は，これら植生 — 大気の相互作用を数式化する際の基本的な事項がしっかりと解説されています．全球気候モデルに組み込まれる陸面モデルは，この本で解説されているような物理式の積み重ねでできています．

第10章

① 日本リモートセンシング研究会編 2004.『改訂版 図解リモートセンシング』日本測量協会.
② 中島 孝・中村健治 2016.『大気と雨の衛星観測』朝倉書店.
③ 宇宙航空研究開発機構地球観測研究センター 2008.『宇宙から見た雨 2 熱帯降雨観測から全球へ』宇宙航空研究開発機構. https://www.eorc.jaxa.jp/TRMM/museum/pamphlet/book2/index_j.htm（最終閲覧日 : 2020 年 11 月 23 日）
④ 吉野文雄 2002.『レーダ水文学』森北出版.
⑤ 寺門和夫 2015.『宇宙から見た雨 — 熱帯降雨観測衛星 TRMM 物語』毎日新聞社.

リモートセンシングを学ぶテキストとしては①がおすすめです．この一冊でリモートセンシングを体系的に学ぶことができます．②は，地球観測衛星による大気と降雨観測について詳細にまとめられています．本章で紹介しきれなかった大気観測についても書かれており，ぜひ手に取っていただきたいです．③は，衛星による降雨観測の原理からTRMM/PRの観測成果までが一冊にまとめられています．本章では衛星搭載降雨観測レーダを説明しましたが，地上に設置した気象レーダによる降雨観測の原理を詳しく知りたい方は，④を読んでみてください．また⑤は，GPM主衛星の打ち上げの様子を交えながら，TRMMの開発の歴史を振り返った読み物です．

第11章

① 小倉義光 2016.『一般気象学 第2版補訂版』東京大学出版会.
② 古川武彦 2019.『天気予報はどのようにつくられるのか』ベレ出版.
③ 二宮洸三 2004.『数値予報の基礎知識』オーム社.
④ 時岡達志・山岬正紀・佐藤信夫 1993.『気象の数値シミュレーション』東京大学出版会.
⑤ 岩崎俊樹 1993.『数値予報 ― スーパーコンピュータを利用した新しい天気予報』共立出版.

まず気象シミュレーションについて学ぶうえで,大気現象についての理解が重要です．①は，地球の大気構造や様々な大気現象，それらのメカニズムなどの気象学全般についてわかりやすく解説した入門書です．つづいて②では，天気予報がつくられるまでの流れについて解説されています．とくに第11章では，あまり触れていない観測データの取得やガイダンスの作成などについて詳しく述べられています．また③は，気象モデルの基本的な構造について，数式を用いて一から解説しています．大学レベルの数学や物理学の知識が必要ですが，気象モデルの仕組みを学べる良書です．④と⑤は，この分野の古典ともいえるもので，④では，本章で触れなかった台風の数値シミュレーションについても述べられています．また，⑤は，一般向けに書かれたもので，比較的とっつきやすい読み物になっています．

第12章

① 淡路敏之・蒲地政文・池田元美・石川洋一 2009.『データ同化 ― 観測・実験とモデルを融合するイノベーション』京都大学学術出版会.
② 涌井良幸・涌井貞美 2010.『Excelでスッキリわかるベイズ統計入門』日本実業出版社.
③ 西野友年 2009.『ゼロから学ぶ解析力学』講談社.
④ 高桑昇一郎 2003.『微分方程式と変分法 ― 微分積分で見えるいろいろな現象』共立出版.
⑤ 木本昌秀 2017.『「異常気象」の考え方』朝倉書店.

データ同化の教科書もさまざまなものが出版されていますが，①は，データ同化全般を扱った総合的な内容を含んでいます．ただし，統計の知識はある程度前提としてもっておく必要があります．データ同化の分野でとくに最尤推定をもう少し一般化したベイズ推定については，②が入門用として比較的わかりやすいです．なおベイズ推定によるデータ同化では，解析力学で学習する変分法の考え方を応用して使います．物理学における変分法について一から学習したいときは③，初歩程度の知識があるならば④で，それぞれ変分法について概観できます．その他，⑤は，気候分野の中でもとくに長期予報に必要な知識について比較的平易な言葉で説明しています．

第 13 章

① 牛山素行 2012.『豪雨の災害情報学 増補版』古今書院.
② 松倉公憲 2008.『山崩れ・地すべりの力学 ― 地形プロセス学入門』筑波大学出版会.
③ 飯田智之 2012.『技術者に必要な斜面崩壊の知識』鹿島出版会.
④ 地盤工学会 2006.『豪雨時における斜面崩壊のメカニズムおよび危険度評価』地盤工学会.
⑤ 気象庁 2020.『土砂災害警戒情報・大雨警報（土砂災害）の危険度分布』https://www.jma.go.jp/jma/kishou/know/bosai/doshakeikai.html（最終閲覧日 : 2020 年 11 月 25 日）

①は，気象データ解析と現地調査に基づいて，大雨に伴う土砂災害の発生を実証的に論じた好著です．②は，山崩れや地すべりがどのように発生するのか，そのメカニズムを解説した入門書です．③は，斜面崩壊に関する地形学的な研究の成果をわかりやすく紹介しています．④では，降雨に伴う斜面崩壊のメカニズムや，危険度評価に関するさまざまな研究が詳細に説明されています．⑤は，気象庁による土砂災害警戒情報等について説明しており，現在の大雨警報（土砂災害）の危険度分布を確認することができます．

第 14 章

① 土木学会水工学委員会水理公式集編集小委員会 2019.『水理公式集 [2018 年版]』土木学会.
② 椎葉充晴・立川康人・市川 温 2013.『水文学・水工計画学』京都大学学術出版会.
③ 末次忠司 2015.『実務に役立つ総合河川学入門』鹿島出版会.
④ 田中丸治哉・大槻恭一・近森秀高・諸泉利嗣 2016.『地域環境水文学』朝倉書店.
⑤ 植村善博 2005.『台風 23 号災害と水害環境 ― 2004 年京都府丹後地方の事例』海青社.

①は，水に関係するさまざまな現象を物理法則に基づいて幅広く紹介しています．水文・水理といった水に関係する現象の基礎から河川・砂防，ダム，水資源と上下水道，海岸・港湾，流域圏環境と個別の現象について，物理法則に基づいた式と解説が載っています．②は，モデルを中心に水の循環を扱う水文学と，それを基本として河川計画や流域管理への応用を図る水工計画学を扱った文献です．雨水の流動についてさまざまな条件を加味したモデルの考え方が載っています．③は，河川について総合的に学ぶことができる文献です．①と②と違って，学術的な視点ではなく実務的な視点で書かれているため，理論よりも実際の河川の実態について学ぶことができます．④は，地域の河川や水資源などの管理・計画の基礎となる水文学について幅広く扱った文献です．地球全体ではなく，地域規模の水文環境に着目しているため，狭い範囲の洪水などを扱いたい場合には近道になる文献です．⑤は，史上最多の 10 個の台風が上陸した 2004 年の中でも，顕著な浸水被害をもたらした台風 23 号を対象として，このときの水害について述べた文献です．本章で紹介した「備中高松城水攻め」と通じるものがあります．

おわりに

こうやって本書を最後まで読んでみると，実に多様な「大気と水の循環」があるものだと思います．実は，東京都立大学 地理情報学研究室では，おもに，地形・気候・水文・植生などから構成される自然環境についての総合的理解を目指しています．具体的には，質量保存・エネルギー保存・運動方程式などの物理法則に基づいて，原因から結果を説明しようとするアプローチと，フィールドでの調査・観測に基づいて，事実を実証的に示そうとするアプローチを組み合わせて研究を進めています．このため，定量的データの収集・マッピング・統計解析・数値モデル・GIS（地理情報システム）などが主要な研究手法となっています．つまり，本研究室では，「大気と水の循環の研究」だけが行われているわけではないのですが，結果として本書を上梓できたことは誇りに思います．

本書は，自分たちだけで完成にこぎつけることができたわけではありません．第 10 章の執筆に際しては，国立研究開発法人宇宙航空研究開発機構からデータを提供していただきました．国立研究開発法人情報通信研究機構の金丸佳矢様と，一般財団法人リモート・センシング技術センターの東上床智彦様からは資料を提供していただきました．また，同センターの山本彩様，正木岳志様，山本宗尚様からは草稿に対する助言をいただきました．第 13 章の執筆に際しては，気象庁の室井ちあし様，本田有機様，計盛正博様，坂本雅巳様，古林慎哉様，太田洋一郎様からアドバイスをいただきました．また，東京都立大学 地理情報学研究室の石原淳太郎さんには，草稿を読んでもらって，わかりにくい点を指摘していただきました．ここに記して謝意を表します．

最後になりましたが，朝倉書店編集部には，本書の制作全般に対して大変お世話になりました．筆の進まぬ筆者たちを温かく見守っていただき，何とか本書の完成まで導いていただいたことに対して，心から感謝しております．

2021 年 2 月

東京都立大学 地理情報学研究室　松 山　洋

索　引

欧数字

あ　行

か　行

さ 行

た 行

な 行

は 行

ま 行

や 行

ら　行

わ　行

編者略歴

松山　洋（まつやま ひろし）

1965年　東京都に生まれる
1994年　東京大学大学院理学系研究科博士課程中途退学
現　在　東京都立大学都市環境学部地理環境学科教授
　　　　博士（理学）

増田耕一（ますだ こういち）

1957年　静岡県に生まれる
1985年　東京大学大学院理学系研究科博士課程単位取得退学
2009年　海洋研究開発機構地球環境変動領域主任研究員
現　在　東京都立大学客員教授
　　　　理学博士

大気と水の循環
—水文気象を学ぶための14講—

定価はカバーに表示

2021年4月5日　初版第1刷

編　者　松　山　　　洋
　　　　増　田　耕　一
発行者　朝　倉　誠　造
発行所　株式会社　朝　倉　書　店

東京都新宿区新小川町6-29
郵便番号　162-8707
電　話　03（3260）0141
F A X　03（3260）0180
http://www.asakura.co.jp

〈検印省略〉

シナノ印刷・渡辺製本

ISBN 978-4-254-16076-5　C 3044

Printed in Japan

大気環境学会編

大 気 環 境 の 事 典

18054-1 C3540　A５判 464頁 本体13000円

PM2.5や対流圏オゾンによる汚染など，大気環境問題は都市，国，大陸を超える。また，ヒトや農作物への影響だけでなく，気候変動，生態系影響など多くの様々な問題に複雑に関連する。この実態を把握，現象を理解し，有効な対策を考える上で必要な科学知を，総合的に基礎からわかりやすく解説。手法，実態，過程，影響，対策，地球環境の6つの軸で整理した各論（各項目見開き2頁）に加え，主要物質の特性をまとめた物質編，タイムリーなキーワードをとりあげたコラムも充実

前気象庁 新田　尚監修　前気象庁 酒井重典・
前気象庁 鈴木和史・前気象庁 饒村　曜編

気 象 災 害 の 事 典

―日本の四季と猛威・防災―

16127-4 C3544　A５判 576頁 本体12000円

日本の気象災害現象について，四季ごとに迫ってまとめ，防災まで言及したもの。〔春の現象〕風／雨／気温／湿度／視程〔梅雨の現象〕種類／梅雨災害／雨量／風／地面現象〔夏の現象〕雷／高温／低温／風／台風／大気汚染／突風／都市化〔秋雨の現象〕台風災害／潮位／秋雨〔秋の現象〕霧／放射／乾燥／風〔冬の現象〕気圧配置／大雪／なだれ／雪・着雪／流氷／風／雷〔防災・災害対応〕防災情報の種類と着眼点／法律／これからの防災気象情報〔世界の気象災害〕〔日本・世界の気象災害年表〕

日大 山川修治・True Data 常盤勝美・
立正大 渡来　靖編

気 候 変 動 の 事 典

16129-8 C3544　A５判 472頁 本体8500円

気候変動による自然環境や社会活動への影響やその利用について幅広い話題を読切り形式で解説。〔内容〕気象気候災害／減災のためのリスク管理／地球温暖化／IPCC報告書／生物・植物への影響／農業・水資源への影響／健康・疾病への影響／交通・観光への影響／大気・海洋相互作用からさぐる気候変動／極域・雪氷圏からみた気候変動／太陽活動・宇宙規模の運動からさぐる気候変動／世界の気候区分／気候環境の時代変遷／古気候・古環境変遷／自然エネルギーの利活用／環境教育

前東大 鳥海光弘他編

図説 地 球 科 学 の 事 典

16072-7 C3544　B５判 248頁 本体8200円

現代の観測技術，計算手法の進展によって新しい地球の姿を図・写真や動画で理解できるようになった。地球惑星科学の基礎知識108の項目を見開きページでビジュアルに解説した本書は自習から教育現場まで幅広く活用可能。多数のコンテンツもweb上に公開し，内容の充実を図った。〔内容〕地殻・マントル・造山運動／地球史／地球深部の物質科学／地球化学／測地・固体地球変動／プレート境界・巨大地震・津波・火山／地球内部の物理学的構造／シミュレーション／太陽系天体

P.L.ハンコック・B.J.スキナー編
井田喜明・木村龍治・鳥海光弘監訳

地 球 大 百 科 事 典（上）

―地球物理編―

16054-3 C3544　B５判 600頁 本体18000円

地球に関するすべての科学的蓄積を約350項目に細分して詳細に解説した初の書であり，地球の全貌が理解できる待望の50音順中項目大総合事典。多種多様な側面から我々の住む「地球」に迫る画期的百科事典であり，オックスフォード大学出版局の名著を第一線の専門家が翻訳。〔上巻の内容〕大気と大気学／気候と気候変動／地球科学／地球化学／地球物理学（地震・磁場・内部構造）／海洋学／惑星科学と太陽系／プレートテクトニクス，大陸移動説等の分野350項目。

P.L.ハンコック・B.J.スキナー編
井田喜明・木村龍治・鳥海光弘監訳

地 球 大 百 科 事 典（下）

―地質編―

16055-0 C3544　B５判 816頁 本体24000円

地球に関するすべての科学的蓄積を約500項目に細分して詳細に解説した初の書であり，地球の全貌が理解できる待望の50音順中項目の大総合事典。多種多様な側面から我々の住む「地球」に迫る画期的百科事典であり，オックスフォード大学出版局の名著を第一線の専門家が翻訳。〔下巻の内容〕地質年代と層位学／構造地質学／堆積物と堆積学／地形学・氷河学・土壌学／環境地質学／海洋地質学／岩石学／鉱物学／古生物学とパレオバイオロジー等の分野500項目。